JN174441

大学数学 スポットライト・シリーズ ❹

多様体への道

榎本一之 著

近代科学社

◈ 読者の皆さまへ ◈

平素より，小社の出版物をご愛読くださいまして，まことに有り難うございます．

㈱近代科学社は 1959 年の創立以来，微力ながら出版の立場から科学・工学の発展に寄与すべく尽力してきております．それも，ひとえに皆さまの温かいご支援があってのものと存じ，ここに衷心より御礼申し上げます．

なお，小社では，全出版物に対して HCD（人間中心設計）のコンセプトに基づき，そのユーザビリティを追求しております．本書を通じまして何かお気づきの事柄がございましたら，ぜひ以下の「お問合せ先」までご一報くださいますよう，お願いいたします．

お問合せ先：reader@kindaikagaku.co.jp

なお，本書の制作には，以下が各プロセスに関与いたしました：

・企画：小山　透
・編集：小山　透，石井沙知
・組版 (TeX)・印刷・製本・資材管理：藤原印刷
・カバー・表紙デザイン：菊池周二
・広報宣伝・営業：冨髙琢磨，山口幸治，西村知也

大学数学 スポットライト・シリーズ
刊行の辞

周知のように，数学は古代文明の発生とともに，現実の世界を数量的に明確に捉えるために生まれたと考えられますが，人類の知的好奇心は単なる実用を越えて数学を発展させて行きました．有名なユークリッドの『原論』に見られるとおり，現実的必要性をはるかに離れた幾何学や数論，あるいは無理量の理論がすでに紀元前 300 年頃には展開されていました．

『原論』から数えても，現在までゆうに 2000 年以上の歳月を経るあいだ，数学は内発的な力に加えて物理学など外部からの刺激をも様々に取り入れて絶え間なく発展し，無数の有用な成果を生み出してきました．そして 21 世紀となった今日，数学と切り離せない数理科学と呼ばれる分野は大きく広がり，数学の活用を求める声も高まっています．しかしながら，もともと数学を学ぶ上ではものごとを明確に理解することが必要であり，本当に理解できたときの喜びも大きいのですが，活用を求めるならばさらにしっかりと数学そのものを理解し，身につけなければなりません．とは言え，発展した現代数学はその基礎もかなり膨大なものになっていて，その全体をただ論理的順序に従って粛々と学んでいくことは初学者にとって負担が大きいことです．

そこで，このシリーズでは各巻で一つのテーマにスポットライトを当て，深いところまでしっかり扱い，読み終わった読者が確実に，ひとまとまりの結果を理解できたという満足感を得られることを目指します．本シリーズで扱われるテーマは数学系の学部レベルを基本としますが，それらは通常の講義では数回で通過せざるを得ないが重要で珠玉のような定理一つの場合もあれば，ε-δ 論法のような，広い分野の基礎となっている概念であったりします．また，応用に欠かせない数値解析や離散数学，近年の数理科学における話題も幅広く採り上げられます．

本シリーズの外形的な特徴としては，新しい製本方式の採用により本文の余白が従来よりもかなり広くなっていることが挙げられます．この余白を利用して，脚注よりも見やすい形で本文の補足を述べたり，読者が抱くと思われる疑問に答えるコラムなどを挿入して，親しみやすくかつ理解しやすものになるよういろいろと工夫をしていますが，余った部分は読者にメモ欄として利用していただくことも想定しています．

また，本シリーズの編集幹事は東京理科大学の教員から成り，学内で活発に研究教育活動を展開しているベテランから若手までの幅広く豊富な人材から執筆者を選定し，同一大学の利点を生かして緊密な体制を取っています．

本シリーズは数学および関連分野の学部教育全体をカバーする教科書群ではありませんが，読者が本シリーズを通じて深く理解する喜びを知り，数学の多方面への広がりに目を向けるきっかけになることを心から願っています．

編集幹事一同

まえがき

「多様体」は現代の幾何学における最も基本的な概念の一つです．この本はその多様体の概念の入口まで道案内する本です．大学1年次までに習う数学だけをリュックに詰めて「多様体」へ向かって旅をします．

多様体は抽象的な空間ですが，そこへ行く前に，私たちのまわりにある曲線や曲面というような図形について見ていきます．図形を調べるための主な道具は微分なので，この幾何学は「微分幾何学」と呼ばれています．曲線，曲面の微分幾何学全体に関わる基本的なことを説明する一方で，特定の話題について少し詳しく説明しているところもあります．展望台から広く全体を見るのは旅の大切な目標ですが，一つの所に近寄ってじっくり見るのにも旅の別の楽しみがあるでしょう．

続いて多様体の世界の入口まで行きます．奥の方まで案内することはできないのですが，行く先々の奥にはすてきな景色が広がっています．その景色をご覧になりたい方は微分幾何学の専門的な本がたくさんありますので，そちらを当たっていただきたいと思います．この本を読んだあと，微分幾何学の専門書を手にとり，さらに道の奥へ歩を進めていただければ，著者としてこれほどうれしいことはありません．

この本を書くきっかけを下さった東京理科大学の宮岡悦良先生，出版までいろいろお世話になった近代科学社の小山透さん，石井沙知さんにはこの場を借りてお礼申し上げます．いままでに多くの方のおかげで数学を続けてくることができました．その方々にも感謝しています．とりわけ，大槻富之助先生と Hung-Hsi Wu 先生との出会いは幸運でした．2人の先生には幾何学の楽しさを教えていただきました．思えば，小学校、中学校、高校でもすてきな先生方に出会い，気がつけば数学の道を歩いていました．

最後に，いつも応援してくれている家族にも，感謝.

2016 年 5 月

榎本一之

目　次

5　ガウス曲率が一定である曲面

6　リーマン多様体としての曲面

7　3次元リーマン多様体

8　2次元リーマン多様体の実現

1 はじめに
―「微分を使って幾何学をする」ということ

幾何学とは図形を調べる数学である．1 変数関数のグラフの曲線の形を微分を使って調べることは，高校の数学以来，経験している人が多いことと思う．一方で，中学の数学では図形に関係するものとして，例えば「三角形の合同」が出てくる．このあたりの，すでに習ってきたことを振り返って，微分を使って幾何学を展開するときに心得ておくべきことを少し整理してみよう．それから，「多様体への道」をゆっくりと歩き始めることにしよう．

1.1 「微分を使って図形を調べる」ということ

1 変数関数のグラフ $y = f(x)$ は平面上の曲線である．$f(x)$ の導関数 $f'(x)$ は接線の傾きを与え，$f''(x)$ はこの曲線の凹凸に関する情報を与える．これらを用いることによってグラフの曲線の形を知ることができる．微分幾何学とは微分を使って図形の形を調べる数学である．であるから，上の考え方は微分幾何学の考え方に近いものである．ところが，この手法には難点もある．下の 3 つの図を見てみよう．

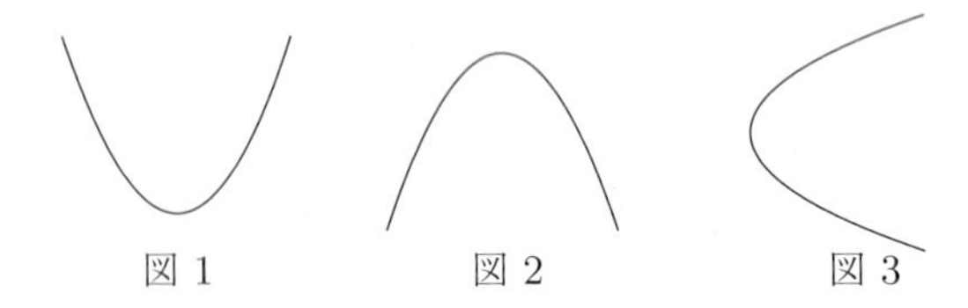

図 1　　図 2　　図 3

この 3 つの図の曲線は合同である．幾何学的な観点からすれば「同じもの」と見なされるべきであろう．ところが，1 変数関数のグラフとして見れば，図 1 と図 2 では $f''(x)$ の符号が逆であるし，図 3 はグラフにすらなっていない．微分を使って図形の形を調べる，ということは，$f''(x)$ を使って $y = f(x)$ のグラフの形を調べる，ということに近いが，もう少し工夫が必要なところもある．

1.2 座標と幾何学

座標は図形の形を表すための有力な手段である．例えば，平面内の三角形の形は 3 つの頂点の位置を座標を使って表すことにより，正確に表すことができる．さて，頂点の座標が $\{(0,0),(3,0),(2,1)\}$，$\{(0,0),(3,0),(1,1)\}$，$\{(0,0),(1,2),(1,-1)\}$ で表される 3 つの三角形を考えよう．

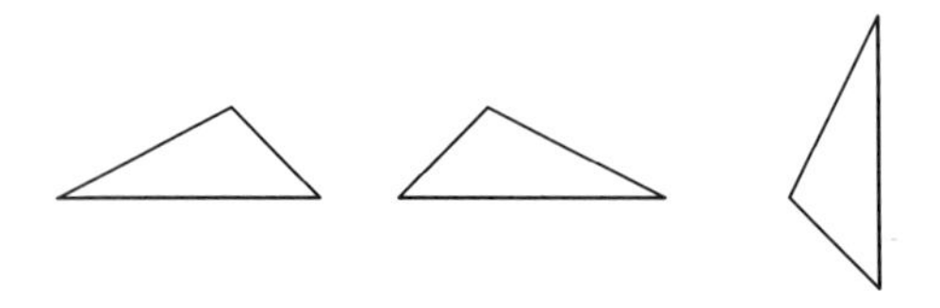

実は，これらの三角形は合同である．座標が図形の形を調べるのに有用なのはまちがいないが，座標を使って何を表すか，は考える必要がある．幾何学では互いに合同である図形を「同じもの」と考える立場をとるから，三角形で言うと，3 つの頂点の座標 $A(x_1, y_1)$, $B(x_2, y_2)$, $C(x_3, y_3)$ そのものよりも，それらから計算される，例えば 3 辺の長さ

$$\begin{aligned} AB &= \sqrt{(x_2 - x_1)^2 + (y_2 - y_1)^2}, \\ BC &= \sqrt{(x_3 - x_2)^2 + (y_3 - y_2)^2}, \\ CA &= \sqrt{(x_1 - x_3)^2 + (y_1 - y_3)^2} \end{aligned}$$

の方が意味のある量である，と考える．

この本の中の議論でも，必要に応じて座標を用いることはあるが，そのような場合でもその中から座標のとり方に依存しない量を抽出しようとする．そのことが幾何学の精神にかなっている，と言えるからである．

また，三角形の辺の長さは三角形の形を「決定する」．ここで「決定する」と言った意味は，3 辺の長さがそれぞれ等しい 2 つの三角形は合同になる，ということである．図形の大きさの違いを問わずに，形の同一性，異質性を問う幾何学もある．三角形の場合で言うと，「相似」がこれに当たる．2 つの図形が「同じ形である」と言うときの「同じ」の基準を「相似」においたとすると，2 つの三角形が同じ形になることを判定するのに適した量は「角の大きさ」や「辺の長さの比」ということになる [1]．図形を取り扱うときに現れる量で理想的と考えられるのは次の条件をみたすものである．

- 座標のとり方に依存しない量であること
- その量によって，2 つの図形の同一性，異質性を判定できること

「微分幾何学」では微分を使って図形の形を調べる．微分する関数は図形の形を反映するものになるであろう．図形とは点の集合である．点の位置を数値化するために座標がある．このように考えると，微分幾何学においては座標は不可欠の概念のように見える．しかし，上に述べたように，私たちが目標とするのは座標に依存しない量で図形の形を記述し，その量を用いて図形の形を調べることである．

[1] 数学では 2 つの対象が「同じ」であるかどうか議論は「同値関係」の概念に基づいて行われる．A と B の間の何かの「関係」があったとして，これを $A \sim B$ で表すとき，この関係が次の 3 つの条件をみたすならば $\sim$ は同値関係と言われる．

(i) $A \sim A$
(ii) $A \sim B$ ならば $B \sim A$
(iii) $A \sim B$ かつ $B \sim C$ ならば $A \sim C$

平面上の三角形全体の集合を考えるとき，「合同」も「相似」も同値関係になっている．

A と同値なもの全体の集合を A の同値類と言う．平面上の三角形全体の集合における同値関係として「合同」を考えるとき，「3 辺の長さの組」が各同値類に固有の量となり，これによって異なる同値類を識別することができる．

2 ユークリッド空間のベクトル値関数の微積分

この章では，以降の議論の準備として，ユークリッド空間内のベクトルを値とする関数の微積分の基本的な事項を整理する．ここに書かれていることはこの本を通して道具として使われる．まず旅に出るための荷作りを整えることにしよう．

2.1 ユークリッド空間

われわれが通常「平面」「空間」と呼んでいるものを，ここでは「ユークリッド平面」「ユークリッド空間」[2] と呼ぶ．ユークリッド空間では，2 点 A, B が与えられたとき，ベクトル $\overrightarrow{\mathrm{AB}}$ が定義され，平行移動によって重なる 2 つのベクトルは同一のものと見なされる．それぞれのベクトルにはその「スカラー倍」が定義され，2 つのベクトルが与えられるとそれらの「和」が定義される．ユークリッド空間では直交座標が与えられ，点 A と点 B の座標の差をとることにより，ベクトル $\overrightarrow{\mathrm{AB}}$ の「成分」が定義される．同一と見なされるベクトル同士は同じ成分をもつ．2 つのベクトルに対して，それらの内積が定義され，内積を用いて 2 つのベクトルの間の角の大きさや 2 点間の距離を表すことができる．

[2] Euclid（紀元前 3 世紀頃）．

以下でも，これらの性質を繰り返し利用する．しかし，ひとたび別の空間（世界）での幾何学を展開しようとするならば，これらの道具立てはユークリッド空間ほどには整っていないかもしれない，ということは，今から意識しておいてもよいと思う．

2.2 曲線に沿うベクトル場の微分

3 次元ユークリッド空間を E^3 で表す．E^3 には直交座標 (x, y, z) が与えられているものとする．実数の集合 $\mathbf{R}$ 内の開区間 $(a, b) = \{t \in \mathbf{R} \mid a < t < b\}$ から E^3 への連続な写像を曲線と言う[3]．$\mathbf{x} : (a, b) \longrightarrow E^3$ を曲線とする．$\mathbf{x}$ の像 $C = \{\mathbf{x}(t) \mid a < t < b\}$ を曲線と呼ぶこともある．その場合，$\mathbf{x}(t)$ を曲線 C のパラメータ表示，t をパラメータと言う．C を E^3 内の曲線とする．C 上の各点の位置ベクトル（またはその成分である座標）をパラメータ t を用いて

$$\mathbf{x}(t) = (x(t),\, y(t),\, z(t)\,) \tag{2.1}$$

と表す[4]．t が動くとき，それにともなって $\mathbf{x}(t)$ で表される点は曲線 C の上を動く．$x(t)$, $y(t)$, $z(t)$ は t の関数であるが，以下で 2

[3] 定義域を開区間としたが，両方または片方の端点を含む場合も，連続性に基づいて曲線を定義することにする．

[4] 「はじめに」で述べたように，いずれは座標に依存しない量や式で図形の形を記述したいが，ここはひとまず直交座標に頼って議論を進めることにする．

回までの微分を考えるので，そこまでの微分可能性はもっているものと仮定する．(2.1) を微分することによって得られるベクトル

$$\frac{d\mathbf{x}}{dt} = \left(\frac{dx}{dt}, \frac{dy}{dt}, \frac{dz}{dt} \right)$$

は点 $\mathbf{x}(t)$ において C に接するベクトルである．

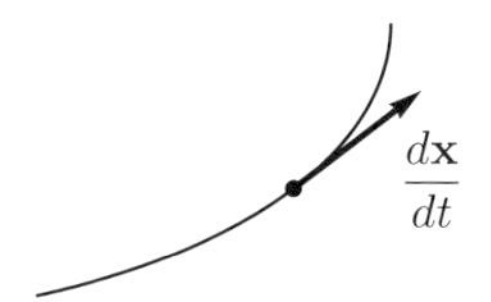

次に，「曲線に沿って定義されたベクトル場」を考えよう．「曲線 C に沿って定義されたベクトル場」とは t を変数とするベクトル値関数

$$\mathbf{X}(t) = (\, X_1(t),\, X_2(t),\, X_3(t)\,)$$

のことである．$\mathbf{X}(t)$ によって曲線 C 上の各点に一つのベクトルが対応していると考えることができる[5]．

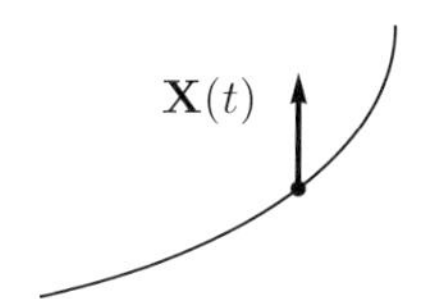

[5] 主に $\mathbf{X}(t)$ が「C の接線方向を向いている場合」と「C の法線方向を向いている場合」について，以下に述べる結果を適用していくことになる．

まず，$\mathbf{X}(t)$ の微分は

$$\frac{d\mathbf{X}}{dt} = \left(\frac{dX_1}{dt}, \frac{dX_2}{dt}, \frac{dX_3}{dt} \right)$$

によって定義される．次に，C に沿って定義された 2 つのベクトル場 $\mathbf{X}(t)$, $\mathbf{Y}(t)$ に対し，それらの内積[6] $\langle \mathbf{X}(t), \mathbf{Y}(t) \rangle$ の微分を考えると，次の式を得る．

[6] この本では内積を $\langle\, ,\, \rangle$ という記号で表している．

$$\frac{d}{dt} \langle \mathbf{X}(t), \mathbf{Y}(t) \rangle = \left\langle \frac{d\mathbf{X}}{dt}, \mathbf{Y}(t) \right\rangle + \left\langle \mathbf{X}(t), \frac{d\mathbf{Y}}{dt} \right\rangle \qquad (2.2)$$

とくに $\mathbf{Y}(t) = \mathbf{X}(t)$ のとき，(2.2) より

$$\frac{d}{dt} |\mathbf{X}(t)|^2 = 2 \left\langle \frac{d\mathbf{X}}{dt}, \mathbf{X}(t) \right\rangle$$

が成り立ち，もし $|\mathbf{X}(t)|$ が一定であるならば $\mathbf{X}(t) \perp \frac{d\mathbf{X}}{dt}$ が成り立つ．また，$\mathbf{X}(t) \perp \mathbf{Y}(t)$ であるとき，

$$\left\langle \frac{d\mathbf{X}}{dt}, \mathbf{Y}(t) \right\rangle + \left\langle \mathbf{X}(t), \frac{d\mathbf{Y}}{dt} \right\rangle = 0$$

が成り立つ．

問 2.1　$\mathbf{x}(t) = (\cos t, \sin t, t)$ で定義された E^3 内の曲線 C について考える．

(1) $\mathbf{X}(t) = \frac{d\mathbf{x}(t)}{dt}$ によって定義される C に沿うベクトル場 $\mathbf{X}(t)$ について，$\mathbf{X}(t)$ の大きさ $|\mathbf{X}(t)|$ の値は一定であることを示せ．

(2) $\mathbf{Y}(t) = \frac{d\mathbf{X}(t)}{dt}$ によって定義される C に沿うベクトル場 $\mathbf{Y}(t)$ について，$\mathbf{X}(t) \perp \mathbf{Y}(t)$ が常に成り立つことを確認せよ．

2.3 曲面上の関数の微分

座標が 1 つのパラメータで表されるような点の集合は曲線であったが，ここでは 2 つのパラメータで座標が表されるような点の集合を考えよう．パラメータ u_1, u_2 を用いて

$$\mathbf{x}(u_1, u_2) = (\, x(u_1, u_2),\, y(u_1, u_2),\, z(u_1, u_2)\,)$$

で表される点の集合 S を考える．ただし，$x(u_1, u_2)$，$y(u_1, u_2)$，$z(u_1, u_2)$ はいずれも C^1 級[7] であるとする．$\mathbf{x}(u_1, u_2)$ を u_1, u_2 によって偏微分することによって得られるベクトル

$$\frac{\partial \mathbf{x}}{\partial u_1} = \left(\frac{\partial x}{\partial u_1}, \frac{\partial y}{\partial u_1}, \frac{\partial z}{\partial u_1} \right), \quad \frac{\partial \mathbf{x}}{\partial u_2} = \left(\frac{\partial x}{\partial u_2}, \frac{\partial y}{\partial u_2}, \frac{\partial z}{\partial u_2} \right)$$

はそれぞれ S に接するベクトルである．

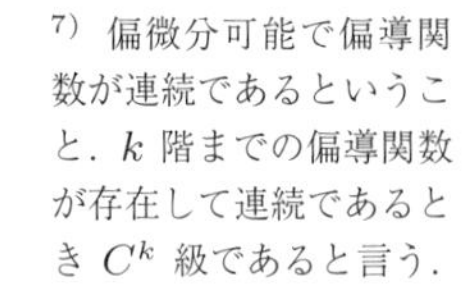
[7] 偏微分可能で偏導関数が連続であるということ．k 階までの偏導関数が存在して連続であるとき C^k 級であると言う．

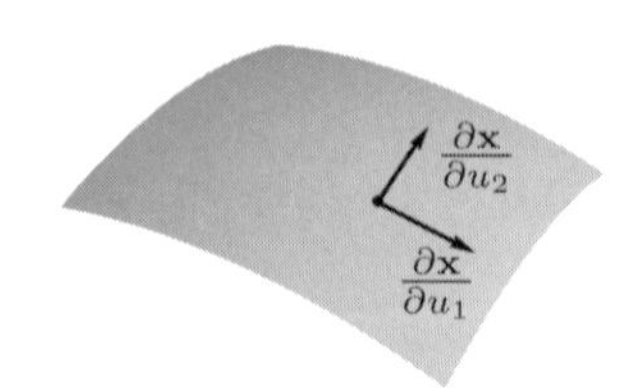

以下，$\frac{\partial \mathbf{x}}{\partial u_1}$ と $\frac{\partial \mathbf{x}}{\partial u_2}$ は1次独立であると仮定する．このとき，S は滑らかな[8] 曲面となる．$\mathbf{X}$ を S 上の点 p において S に接するベクトルとすると，

[8] 各点で接平面が定義される，という意味である．

$$\mathbf{X} = \xi_1 \frac{\partial \mathbf{x}}{\partial u_1}(p) + \xi_2 \frac{\partial \mathbf{x}}{\partial u_2}(p)$$

と表される．$f(u_1, u_2)$ を S 上で定義された関数，$\mathbf{X}$ を S 上の点 p において S に接するベクトルとする．p を通り，$\mathbf{X}$ に接する S 上の曲線を

$$C : \mathbf{x}(t) = (\, x(u_1(t), u_2(t)),\ y(u_1(t), u_2(t)),\ z(u_1(t), u_2(t))\,)$$

$(\mathbf{x}(0) = p,\ \frac{d\mathbf{x}}{dt}(0) = \mathbf{X})$ とする．

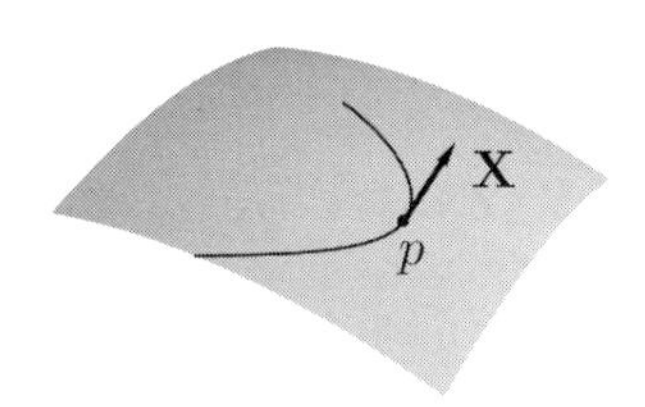

合成関数の微分によって $\frac{d\mathbf{x}}{dt}(0) = \mathbf{X}$ は

$$\frac{du_1}{dt}(0) = \xi_1, \qquad \frac{du_2}{dt}(0) = \xi_2$$

と同値である．このとき，$f(u_1, u_2)$ の $\mathbf{X}$ の方向の方向微分は

$$\left.\frac{d}{dt} f(u_1(t), u_2(t))\right|_{t=0}$$

によって定義される．これを $\mathbf{X}f$ と表すことにする．合成関数の微分を用いると

$$\begin{aligned}\mathbf{X}f &= \frac{\partial f}{\partial u_1}(p)\frac{du_1}{dt}(0) + \frac{\partial f}{\partial u_2}(p)\frac{du_2}{dt}(0)\\ &= \xi_1 \frac{\partial f}{\partial u_1}(p) + \xi_2 \frac{\partial f}{\partial u_2}(p)\end{aligned}$$

が成り立つことがわかる[9]．

[9] この関係によって S に接するベクトル

$$\xi_1 \frac{\partial \mathbf{x}}{\partial u_1}(p) + \xi_2 \frac{\partial \mathbf{x}}{\partial u_2}(p)$$

を S 上の微分作用素

$$\xi_1 \frac{\partial}{\partial u_1} + \xi_2 \frac{\partial}{\partial u_2}$$

と同一視することができる．本書の後半で登場する「多様体」はユークリッド空間の中で視覚化されるとは限らない抽象的な図形のことであるが，そこではこの議論を逆手にとって，その図形の上で定義された関数に対する微分作用素として接ベクトルを定義することになる．

2.4 曲面上のベクトル場の微分

E^3 内の曲面 S の各点がパラメータ u_1, u_2 を用いて $\mathbf{x}(u_1, u_2)$ と表されているとする．u_1, u_2 を変数とするベクトル値関数

$$\mathbf{Y}(u_1, u_2) = (Y_1(u_1, u_2), Y_2(u_1, u_2), Y_3(u_1, u_2))$$

は「曲面 S の上で定義されたベクトル場」と呼ばれる．$\mathbf{X}$ を S 上の点 p において S に接するベクトルとするとき，

$$(\mathbf{X}Y_1, \mathbf{X}Y_2, \mathbf{X}Y_3)$$

によって定義されるベクトルを $\bar{D}_{\mathbf{X}}\mathbf{Y}$ で表し，$\mathbf{X}$ の方向の $\mathbf{Y}$ の方向微分 [10] と呼ぶ．

曲面 S 上で定義された 2 つのベクトル場 $\mathbf{Y}, \mathbf{Z}$ に対し，それらの内積 $\langle \mathbf{Y}, \mathbf{Z} \rangle$ の微分を考えると，次の式を得る．

$$\mathbf{X}\langle \mathbf{Y}, \mathbf{Z} \rangle = \langle \bar{D}_{\mathbf{X}}\mathbf{Y}, \mathbf{Z} \rangle + \langle \mathbf{Y}, \bar{D}_{\mathbf{X}}\mathbf{Z} \rangle \tag{2.3}$$

が成り立つ．とくに $\mathbf{Y} = \mathbf{Z}$ のとき，(2.3) より

$$\mathbf{X}|\mathbf{Y}|^2 = 2\langle \bar{D}_{\mathbf{X}}\mathbf{Y}, \mathbf{Y} \rangle$$

が成り立ち，もし $|\mathbf{Y}|$ が一定であるならば $\mathbf{Y} \perp \bar{D}_{\mathbf{X}}\mathbf{Y}$ が成り立つ．また，$\mathbf{Y} \perp \mathbf{Z}$ であるとき，

$$\langle \bar{D}_{\mathbf{X}}\mathbf{Y}, \mathbf{Z} \rangle + \langle \mathbf{Y}, \bar{D}_{\mathbf{X}}\mathbf{Z} \rangle = 0$$

が成り立つ．

問 2.2 $\mathbf{x}(u_1, u_2) = (\cos u_1 \cos u_2, \cos u_1 \sin u_2, \sin u_1)$ で定義された E^3 内の曲面 S について考える [11]．

(1) $\mathbf{X}_1 = \frac{\partial \mathbf{x}}{\partial u_1}$, $\mathbf{X}_2 = \frac{\partial \mathbf{x}}{\partial u_2}$ とする．このとき，$\mathbf{X}_1$ と $\mathbf{X}_2$ はつねに垂直であることを示せ [12]．

(2) $\bar{D}_{\mathbf{X_1}}\mathbf{X_1}$, $\bar{D}_{\mathbf{X_2}}\mathbf{X_1}$, $\bar{D}_{\mathbf{X_1}}\mathbf{X_2}$, $\bar{D}_{\mathbf{X_2}}\mathbf{X_2}$ をそれぞれ求めよ．

(3) 任意の S に接するベクトル場 $\mathbf{X}, \mathbf{Y}$ について，$\bar{D}_{\mathbf{X}}\mathbf{Y} - \bar{D}_{\mathbf{Y}}\mathbf{X}$ は S に接するベクトルである [13] ことを示せ．

10) ベクトル場の方向微分の概念は（ユークリッド空間内にあることを前提としない図形である）多様体において一般化され，そのときは共変微分と呼ばれる．$\Longrightarrow$ 第 6 章

11) 実は S は球面の一部になるが，この問題ではそのことは直接には利用しない．

12) これは球面上の「緯線」と「経線」が直交していることに対応している．

問 2.2(2)　答
$\bar{D}_{\mathbf{X_1}}\mathbf{X_1} = (-\cos u_1 \cos u_2, -\cos u_1 \sin u_2, -\sin u_1)$,
$\bar{D}_{\mathbf{X_2}}\mathbf{X_1} = (\sin u_1 \sin u_2, -\sin u_1 \cos u_2, 0)$,
$\bar{D}_{\mathbf{X_1}}\mathbf{X_2} = (\sin u_1 \sin u_2, -\sin u_1 \cos u_2, 0)$,
$\bar{D}_{\mathbf{X_2}}\mathbf{X_2} = (-\cos u_1 \cos u_2, -\cos u_1 \sin u_2, 0)$

13) それぞれの $\bar{D}_{\mathbf{X}}\mathbf{Y}$, $\bar{D}_{\mathbf{Y}}\mathbf{X}$ は S に接するとは限らない．(3) の性質はすべての曲面に対して成り立つ一般的な性質である．§4.3 で解説する．

2.5 曲面上のベクトル場の積分

E^3 内の曲面 S のパラメータ u_1, u_2 による表示を

$$\mathbf{x}(u_1, u_2) = (\, x(u_1, u_2),\, y(u_1, u_2),\, z(u_1, u_2)\,)$$

とするとき，S の面積要素[14] dA は

$$dA = \left| \frac{\partial \mathbf{x}}{\partial u_1} \times \frac{\partial \mathbf{x}}{\partial u_2} \right| du_1 du_2$$

によって与えられる．$f(u_1, u_2)$ を S 上で定義された関数とするとき，f の S 上の積分は

$$\int_S f\, dA = \int_S f(u_1, u_2) \left| \frac{\partial \mathbf{x}}{\partial u_1} \times \frac{\partial \mathbf{x}}{\partial u_2} \right| du_1 du_2$$

によって計算される．

14) パラメータ u_1，u_2 を限りなく細かく分割することによって得られる微小領域の面積．

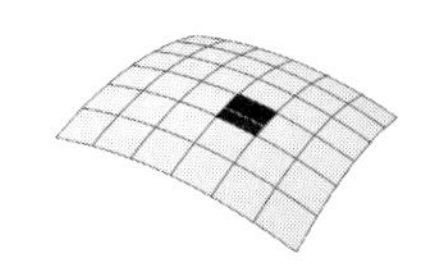

ここで，曲面上のベクトル場の積分に関する「**ストークスの定理**」[15] を紹介しよう．この定理は第 9 章で利用される．曲面 S が境界をもつ場合を考え，境界の曲線を C とする．$\mathbf{x}(t)$ を C のパラメータ表示とする．$\{\mathbf{e}_1, \mathbf{e}_2\}$ を S に接するベクトル場の組で S 上の各点で S の接平面の正規直交基底をつくるもの，すなわち，

$$\langle \mathbf{e}_1, \mathbf{e}_1 \rangle = 1, \qquad \langle \mathbf{e}_1, \mathbf{e}_2 \rangle = 0, \qquad \langle \mathbf{e}_2, \mathbf{e}_2 \rangle = 1$$

をみたすものとする[16]．$\mathbf{Y}, \mathbf{Z}$ を S 上で定義されたベクトル場とする．このとき，次の等式が成り立つ．

$$\int_C \langle \mathbf{Y}, \bar{D}_{d\mathbf{x}/dt}\mathbf{Z} \rangle dt = \int_S \big(\langle \bar{D}_{\mathbf{e}_1}\mathbf{Y}, \bar{D}_{\mathbf{e}_2}\mathbf{Z} \rangle - \langle \bar{D}_{\mathbf{e}_2}\mathbf{Y}, \bar{D}_{\mathbf{e}_1}\mathbf{Z} \rangle \big)\, dA \tag{2.4}$$

S が閉曲面の場合は (2.4) で左辺が 0 になるから

$$\int_S \big(\langle \bar{D}_{\mathbf{e}_1}\mathbf{Y}, \bar{D}_{\mathbf{e}_2}\mathbf{Z} \rangle - \langle \bar{D}_{\mathbf{e}_2}\mathbf{Y}, \bar{D}_{\mathbf{e}_1}\mathbf{Z} \rangle \big)\, dA = 0 \tag{2.5}$$

が成り立つ．

15) George Gabriel Stokes (1819–1903).

16) $\{\mathbf{e}_1, \mathbf{e}_2\}$ は**正規直交枠**と呼ばれる．

3 ユークリッド空間内の曲線

　ユークリッド空間内の曲線の幾何学は微分幾何学の原点である．大河の源流のようなその景色を見ることから，私たちの旅を始めよう．

3.1 ユークリッド平面内の曲線

C をユークリッド平面 E^2 内の曲線とする．C のパラメータ t による表示を

$$\mathbf{x}(t) = (x(t),\, y(t))$$

とする[17]．$\mathbf{x}(s)$ が微分可能であるとすると[18]，

$$\frac{d\mathbf{x}}{dt} = \left(\frac{dx}{dt}, \frac{dy}{dt}\right)$$

は C の接線方向のベクトル（**接ベクトル**と言う）である．

$$\mathbf{T} = \frac{d\mathbf{x}/dt}{|d\mathbf{x}/dt|} = \left(\left(\frac{dx}{dt}\right)^2 + \left(\frac{dy}{dt}\right)^2\right)^{-1/2} \left(\frac{dx}{dt}, \frac{dy}{dt}\right)$$

とおくと，$\mathbf{T}$ は接線方向の単位ベクトル（単位接ベクトル）である．

パラメータ t として特に $|d\mathbf{x}/dt| = 1$ となるようなものをとると，$\mathbf{x}(t_1)$ と $\mathbf{x}(t_2)$ の間の曲線 C の弧の長さは

$$\int_{t_1}^{t_2} \left|\frac{d\mathbf{x}}{dt}\right| dt = |t_2 - t_1|$$

となる．このようなパラメーターは **弧長パラメータ** と呼ばれる．以下では弧長パラメータを s を用いて表す．

単位接ベクトル $\mathbf{T}(s) = (dx/ds, dy/ds)$ が x 軸の正の方向となす角を θ とすると

$$\left(\frac{dx}{ds}, \frac{dy}{ds}\right) = \mathbf{T} = (\cos\theta, \sin\theta) \tag{3.1}$$

となる．

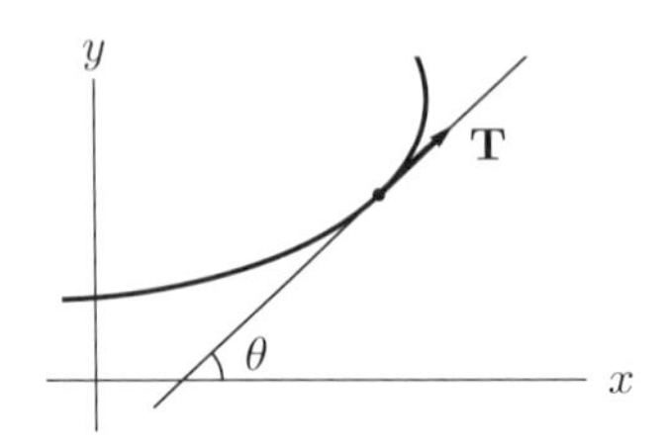

17) 注 4 でも述べたように，座標に依存しない量を用いて曲線の形を調べるのが目標であるが，ひとまず座標に頼って議論を進めよう．

18) 微分を使って幾何学をしようとしているのだからこのような仮定をおくことは必要ではあるのだが，代表的な図形と言える三角形はこれで対象外ということになってしまう．三角形のような図形はずっと相手にしないのか，それともどこかで視野に入れるようにするのか，進み方はいろいろあるように思う．

θ の値は座標のとり方に依存する．しかし，2 点間の θ の差 $\theta(s_2) - \theta(s_1)$ や θ の変化率

$$\frac{d\theta}{ds} = \lim_{s_2 \to s_1} \frac{\theta(s_2) - \theta(s_1)}{s_2 - s_1}$$

は座標のとり方に依存しない[19)]．このように，座標のとり方によって値が変わらない量を**幾何学的不変量**と呼ぶことにする．

19) $\mathbf{x}(s)$ が C^2 級であるならば $d\theta/ds$ は存在し，連続な関数となる．

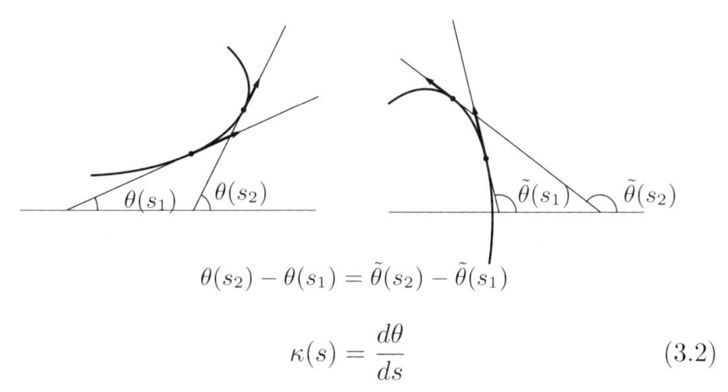

$$\theta(s_2) - \theta(s_1) = \tilde{\theta}(s_2) - \tilde{\theta}(s_1)$$

$$\kappa(s) = \frac{d\theta}{ds} \tag{3.2}$$

を曲線 C の**曲率**と言う．

問 3.1 E^2 内の曲線 C が（弧長パラメータとは限らない）パラメータ t を用いて $\mathbf{x}(t) = (x(t), y(t))$ と表されているとき，C の曲率は次の式で表されることを示せ（x', y', x'', y'' はそれぞれ dx/dt, dy/dt, d^2x/dt^2, d^2y/dt^2 を表す）．

$$\kappa(t) = \frac{x'y'' - x''y'}{((x')^2 + (y')^2)^{3/2}}$$

問 3.2

(1) E^2 内の直線の曲率は 0 であることを示せ．

(2) E^2 内の曲線で曲率がいたる所で 0 であるものは直線であることを示せ．

問 3.3

(1) E^2 内の円の曲率は一定であることを示せ．

(2) E^2 内の曲線で曲率が一定で 0 であるものは円または直線の一部であることを示せ．

$$\mathbf{N} = \left(-\frac{dy}{ds}, \frac{dx}{ds}\right) = (-\sin\theta, \cos\theta) \tag{3.3}$$

とおくと，$\mathbf{N}$ は法線方向の単位ベクトル（単位法ベクトル）となる．(3.1), (3.3) より

$$\frac{d\mathbf{T}}{ds} = \frac{d}{ds}(\cos\theta, \sin\theta) = \left(-\frac{d\theta}{ds}\sin\theta, \frac{d\theta}{ds}\cos\theta\right) = \kappa\mathbf{N}$$

が成り立つから，曲率 κ は次のように表すことができる．

$$\kappa = \left\langle \frac{d\mathbf{T}}{ds}, \mathbf{N} \right\rangle \tag{3.4}$$

κ の符号の違いは曲線が曲がる方向の違いとなって現れる．

以上で見たように，曲線の曲がり方は $\mathbf{T}$ の動きを見ることによって把握することができる．$\mathbf{T}$ の動きを見るには，次に述べる「ガウス写像」[20] がしばしば有効である．$\mathbf{T}(s)$ の始点を原点へ平行移動することによって，曲線 C 上の各点から単位円への写像が定義されるが，この写像を **ガウス写像** と言う[21]．

平面曲線のガウス写像

ある区間で $\kappa(s) = 0$ であるならばその区間でガウス写像の像は動かず，$\kappa(s) > 0$ であるならば反時計方向に動き，$\kappa(s) < 0$ であるならば時計方向に動く．また，$|\kappa(s)| = |d\mathbf{T}/ds|$ であるから，弧長パラメータ s を時間に見立てると，ガウス写像の像の動く速さは曲率の大きさを反映している．ガウス写像はあとで述べる「曲率の積分」を考える場合などにも利用される．また，ガウス写像の概念は E^3 内の曲線や曲面に対しても考えられる．

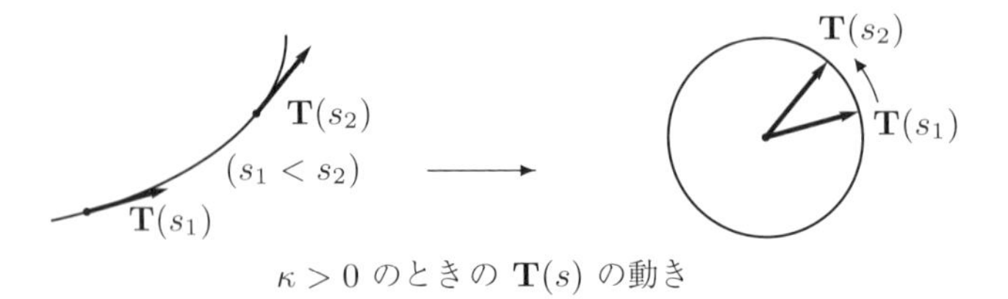

$\kappa > 0$ のときの $\mathbf{T}(s)$ の動き

[20] Carl Friedrich Gauss (1777–1855).

[21] $\mathbf{N}(s)$ を単位円へ平行移動したものを用いてガウス写像を定義することもある．$\mathbf{T}$ の動きを見ることによって曲がり方を調べる方法は 3 次元ユークリッド空間 E^3 内の曲線の幾何学に引き継がれるが，E^3 内の曲面の幾何学ではむしろ $\mathbf{N}$ の動きを見る方法が引き継がれる．

3.2 平面曲線論の基本定理

$\kappa(s)=c$（c は定数）である平面曲線は円または直線である（問3.3）．以下では，任意の 1 変数関数 $\kappa(s)$ を曲率としてもつような平面曲線が存在することを示し（定理 3.1），次にそのような曲線はすべて合同となり図形的には同一のものであることを示す（定理 3.2）．これらのことから，曲率が曲線の形を表す最も基本的な量である，と言えることがわかるだろう．

定理 3.1 $\kappa(s)$ を $a \leq s \leq b$ に対して定義された任意の連続関数とする．このとき，s を弧長パラメータとする E^2 内の曲線 $C:\mathbf{x}(s)$ で $\mathbf{x}(s)$ における曲率が $\kappa(s)$ であるものが存在する．

証明.[22] $s \in [a,b]$ に対して

$$\theta(s)=\int_a^s \kappa(t)\,dt$$

とおく．この θ を用いて

$$x(s)=\int_a^s \cos\theta(t)\,dt, \qquad y(s)=\int_a^s \sin\theta(t)\,dt$$

とすると，$\mathbf{x}(s)=(x(s),y(s))$ によって定義される E^2 内の曲線について $(dx/ds)^2+(dy/ds)^2=1$ が成り立つから s は弧長パラメータである．この曲線について，$d\mathbf{x}/ds=(\cos\theta(s),\sin\theta(s))$ が成り立ち，$d\theta/ds=\kappa(s)$ であるから，点 $\mathbf{x}(s)$ における曲率は $\kappa(s)$ である． □

22) $(x,y)\to(dx/ds,\ dy/ds)\to\theta\to d\theta/ds\to\kappa$ の流れを逆に辿るような形になる．

定理 3.2 2 つの平面曲線 $\mathbf{x}_1(s)$, $\mathbf{x}_2(s)$ に対して，s はともに弧長パラメータであるとする．$\kappa_1(s)$, $\kappa_2(s)$ をそれぞれ $\mathbf{x}_1(s)$, $\mathbf{x}_2(s)$ の曲率とするとき，すべての s $(a \leq s \leq b)$ に対して $\kappa_1(s)=\kappa_2(s)$ が成り立つならば，$\{\mathbf{x}_1(s) \mid a \leq s \leq b\}$ と $\{\mathbf{x}_2(s) \mid a \leq s \leq b\}$ は合同である．

証明. E^2 上に (x,y) 座標をとり，2 つの曲線を合同変換によって移動することにより，

$$\mathbf{x}_1(a) = \mathbf{x}_2(a) = (0,0), \qquad \frac{d\mathbf{x}_1}{ds}(a) = \frac{d\mathbf{x}_2}{ds}(a) = (1,0)$$

とすることができる.

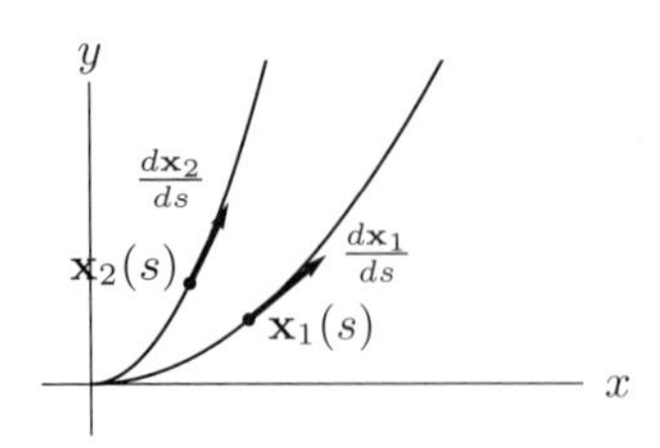

任意の s $(a \leq s \leq b)$ について

$$\begin{aligned}
\frac{d\mathbf{x}_1}{ds} &= \left(\cos\left(\int_a^s \kappa_1(t)\, dt \right), \sin\left(\int_a^s \kappa_1(t)\, dt \right) \right) \\
&= \left(\cos\left(\int_a^s \kappa_2(t)\, dt \right), \sin\left(\int_a^s \kappa_2(t)\, dt \right) \right) \\
&= \frac{d\mathbf{x}_2}{ds}
\end{aligned}$$

であるから,

$$\begin{aligned}
\mathbf{x}_1(s) &= \int_a^s \frac{d\mathbf{x}_1}{dt}\, dt \\
&= \int_a^s \frac{d\mathbf{x}_2}{dt}\, dt \\
&= \mathbf{x}_2(s)
\end{aligned}$$

が成り立つ. □

問 3.4 曲率 $\kappa(s)$ が $\kappa(s) = (1+s^2)^{-1}$ であるような E^2 内の曲線 $C : \mathbf{x}(s)$（s は弧長パラメータ）で, $\mathbf{x}(0) = (0,1)$, $\mathbf{x}'(0) = (1,0)$ であるようなものを求め, C は $y = \cosh x\,(= (e^x + e^{-x})/2)$ のグラフとして定義される曲線[23] と一致することを確認せよ.

23) 懸垂線 (catenary) と呼ばれる.

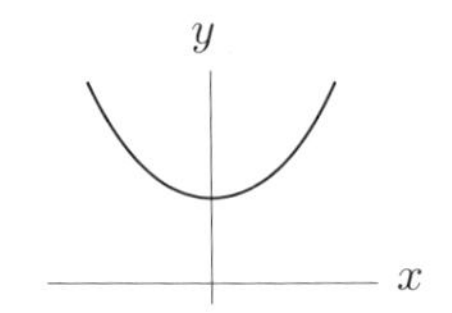

3.3 ユークリッド空間内の曲線

この節では3次元ユークリッド空間 E^3 内の曲線について考えよう．C を E^3 内の曲線とする．C の弧長パラメータ s による表示を

$$\mathbf{x}(s) = (x(s), y(s), z(s))$$

とするとき，

$$\mathbf{T} = \frac{d\mathbf{x}}{ds} = \left(\frac{dx}{ds}, \frac{dy}{ds}, \frac{dz}{ds}\right)$$

は C の単位接ベクトルである．

$\mathbf{x}(s)$ が C^2 級の関数であるとすると，$d\mathbf{T}/ds$ は C に沿う連続なベクトル場となるが，$d\mathbf{T}/ds$ の大きさ $|d\mathbf{T}/ds|$ を $\kappa(s)$ で表し，C の **曲率** と呼ぶ．曲率は座標のとり方によって値が変わらない幾何学的不変量である．$\langle \mathbf{T}, \mathbf{T} \rangle = 1$ であるから $\langle d\mathbf{T}/ds, \mathbf{T} \rangle = 0$ が成り立つ[24]．一般に $\kappa(s) \geq 0$ であるが，以下の議論は $\kappa(s) > 0$ である C の部分弧において行う．$\kappa(s) > 0$ のとき，$d\mathbf{T}/ds$ は C に沿う連続な単位法ベクトル場 $\mathbf{N}(s)$ を用いて

$$\frac{d\mathbf{T}}{ds} = \kappa(s)\mathbf{N}(s) \tag{3.5}$$

と書くことができる．次に，$\mathbf{N}(s)$ が微分可能であると仮定して $d\mathbf{N}/ds$ を考えると，$d\mathbf{N}/ds$ は $\mathbf{N}$ に垂直なベクトルであり[25]，

$$\left\langle \frac{d\mathbf{N}}{ds}, \mathbf{T} \right\rangle = -\left\langle \mathbf{N}, \frac{d\mathbf{T}}{ds} \right\rangle = -\kappa(s)$$

が成り立つ．したがって，$\mathbf{B}(s) = \mathbf{T}(s) \times \mathbf{N}(s)$ とおくと，$d\mathbf{N}/ds$ は $\mathbf{T}(s)$, $\mathbf{B}(s)$, $\kappa(s)$ と連続関数 $\tau(s)$ を用いて

$$\frac{d\mathbf{N}}{ds} = -\kappa(s)\mathbf{T}(s) + \tau(s)\mathbf{B}(s) \tag{3.6}$$

と書くことができる．$\tau(s)$ を C の **捩率**[26] と呼ぶ．捩率も幾何学的不変量である．各 s に対して $\{\mathbf{T}(s), \mathbf{N}(s), \mathbf{B}(s)\}$ は E^3 の正規直交基底となるが，これを **フルネ枠**[27] と呼ぶ．$d\mathbf{B}/ds$ をフルネ枠を用いて表そう．

[24] $\langle \mathbf{T}, \mathbf{T} \rangle = 1$ の両辺を s について微分すると導かれる．

[25] $\langle \mathbf{N}, \mathbf{N} \rangle = 1$ より $\langle d\mathbf{N}/ds, \mathbf{N} \rangle = 0$ が成り立つ．

[26] 読みは「れいりつ」．「捩れ」の読みは「よじれ」．

[27] Jean-Frédéric Frenet(1816–1900).

$$
\begin{aligned}
\left\langle \frac{d\mathbf{B}}{ds}, \mathbf{T} \right\rangle &= -\left\langle \mathbf{B}, \frac{d\mathbf{T}}{ds} \right\rangle = 0,\\
\left\langle \frac{d\mathbf{B}}{ds}, \mathbf{N} \right\rangle &= -\left\langle \mathbf{B}, \frac{d\mathbf{N}}{ds} \right\rangle = -\tau(s),\\
\left\langle \frac{d\mathbf{B}}{ds}, \mathbf{B} \right\rangle &= 0
\end{aligned}
$$

であるから，

$$
\frac{d\mathbf{B}}{ds} = -\tau(s)\mathbf{N}(s) \tag{3.7}
$$

が成り立つ．(3.5), (3.6), (3.7) を合わせて **フルネの公式** と言う．フルネの公式を次のように書くこともある．

$$
\frac{d}{ds}\begin{pmatrix} \mathbf{T} \\ \mathbf{N} \\ \mathbf{B} \end{pmatrix} = \begin{pmatrix} 0 & \kappa & 0 \\ -\kappa & 0 & \tau \\ 0 & -\tau & 0 \end{pmatrix}\begin{pmatrix} \mathbf{T} \\ \mathbf{N} \\ \mathbf{B} \end{pmatrix}
$$

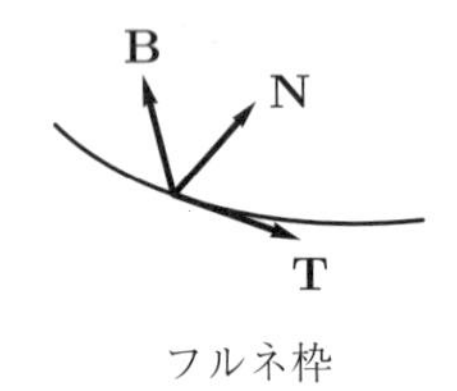

フルネ枠

E^3 内の曲線に対しても「ガウス写像」を考えることができる．E^3 内の曲線の単位接ベクトル $\mathbf{T}(s)$ の始点を原点へ平行移動することによって定義される，曲線 C 上の各点から単位球面 S^2 への写像をガウス写像と言う[28]．

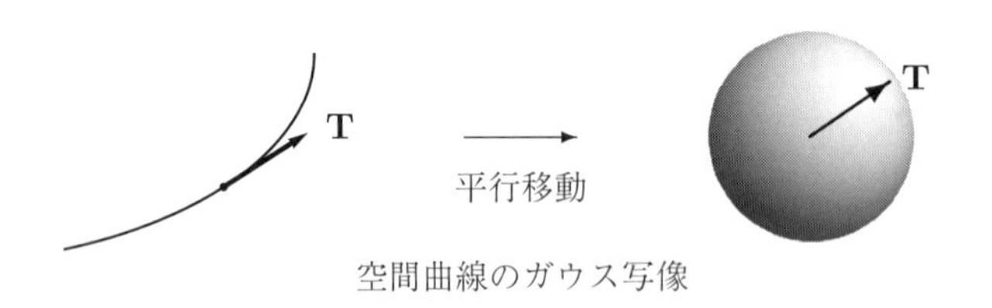

空間曲線のガウス写像

$\kappa(s) = |d\mathbf{T}/ds|$ であるから，弧長パラメータ s を時間に見立てると，ガウス写像の像の動く速さは曲率の大きさを反映しており[29]，ガウス写像の像の曲線の長さは「曲率の積分」の値を反映している[30]

28) $\mathbf{N}(s)$ や $\mathbf{B}(s)$ を単位球面へ平行移動したものを用いて曲線の性質を調べることもある．平面曲線では $\mathbf{T}$ の動きと $\mathbf{N}$ の動きは同じものであるが，空間曲線では $\mathbf{T}, \mathbf{N}, \mathbf{B}$ の動きはそれぞれ異なり，それらの意味するものもまた異なる．

29) このことからも曲率が幾何学的不変量であることがわかる．

30) 実際にこのことを利用して E^3 内の閉曲線の曲率の積分に関する「フェンヘル (Fenchel) の定理」が証明される (§9.1)．

3.4 空間曲線論の基本定理

E^2 内の曲線の形が曲率関数によって決定されたのと同じように，E^3 内の曲線の形は曲率関数と捩率関数によって決定される．

定理 3.3 $\kappa(s)$ を $a \leq s \leq b$ において定義された $\kappa(s) > 0$ であるような任意の連続関数，$\tau(s)$ を $a \leq s \leq b$ において定義された任意の連続関数とする．このとき，s を弧長パラメータとする E^3 内の曲線 $C : \mathbf{x}(s)$ で $\mathbf{x}(s)$ における曲率が $\kappa(s)$，捩率が $\tau(s)$ であるものが存在する．

証明. ここでは連立微分方程式[31] の解の存在定理を用いた証明を紹介する[32]．

s を変数とする 9 個の関数 $T_x(s)$, $T_y(s)$, $T_z(s)$, $N_x(s)$, $N_y(s)$, $N_z(s)$, $B_x(s)$, $B_y(s)$, $B_z(s)$ を未知関数とする次の連立微分方程式を考える[33]．

$$
\begin{aligned}
\frac{dT_x}{ds} &= \kappa(s)N_x(s) \\
\frac{dT_y}{ds} &= \kappa(s)N_y(s) \\
\frac{dT_z}{ds} &= \kappa(s)N_z(s) \\
\frac{dN_x}{ds} &= -\kappa(s)T_x(s) + \tau(s)B_x(s) \\
\frac{dN_y}{ds} &= -\kappa(s)T_y(s) + \tau(s)B_y(s) \\
\frac{dN_z}{ds} &= -\kappa(s)T_z(s) + \tau(s)B_z(s) \\
\frac{dB_x}{ds} &= -\tau(s)N_x(s) \\
\frac{dB_y}{ds} &= -\tau(s)N_y(s) \\
\frac{dB_z}{ds} &= -\tau(s)N_z(s)
\end{aligned}
\tag{3.8}
$$

31) 「微分方程式系」と言うことも多い．

32) E^2 内の曲線に対する定理 3.1 の証明では，曲率関数からまず単位接ベクトル $\mathbf{T}(s)$ の動きを把握し，それをもとに曲線の形が決まることを示した．この定理でも同様の証明をすることは可能である．その場合は，曲率関数と捩率関数から単位球面内の曲線としての $\mathbf{T}$ の形が決まり，それをもとにして曲線の形が決まる．この方針で証明するためには，球面内の曲線の微分幾何学の準備が必要になる（⇒ §6.9）．そのため，ここでは別の方針での証明を示すこととした．

33) この方程式はフルネの方程式を成分で表したものである．この方程式は，行列関数 F, M を
$F = \begin{pmatrix} 0 & \kappa & 0 \\ -\kappa & 0 & \tau \\ 0 & -\tau & 0 \end{pmatrix}$,
$M = \begin{pmatrix} T_x & N_x & B_x \\ T_y & N_y & B_y \\ T_z & N_z & B_z \end{pmatrix}$
によって定義すると，$\frac{dM}{ds} = FM$ と表すことができる．

微分方程式の解の存在定理より，$a < s_0 < b$ である s_0 において初期条件を与えると，s_0 の近傍で (3.8) の解が一意的に存在する．さらに，(3.8) は「線形微分方程式」[34] であるから，解は $\kappa(s), \tau(s)$ の定義域である $a \leq s \leq b$ において存在する．さて，E^3 の正規直交基底

$$\{\mathbf{T}_0, \mathbf{N}_0, \mathbf{B}_0\} = \left\{ \begin{pmatrix} T_x^0 \\ T_y^0 \\ T_z^0 \end{pmatrix}, \begin{pmatrix} N_x^0 \\ N_y^0 \\ N_z^0 \end{pmatrix}, \begin{pmatrix} B_x^0 \\ B_y^0 \\ B_z^0 \end{pmatrix} \right\}$$

を一つとり，これを s_0 $(a < s_0 < b)$ における初期条件として与え，

$$\{\mathbf{T}(s), \mathbf{N}(s), \mathbf{B}(s)\} = \left\{ \begin{pmatrix} T_x(s) \\ T_y(s) \\ T_z(s) \end{pmatrix}, \begin{pmatrix} N_x(s) \\ N_y(s) \\ N_z(s) \end{pmatrix}, \begin{pmatrix} B_x(s) \\ B_y(s) \\ B_z(s) \end{pmatrix} \right\}$$

をこの初期条件をみたす (3.8) の解とする．このとき，すべての s について $\{\mathbf{T}(s), \mathbf{N}(s), \mathbf{B}(s)\}$ が正規直交基底になることを示そう．(3.8) を用いると，$\mathbf{T}(s), \mathbf{N}(s), \mathbf{B}(s)$ 相互間の内積は次の微分方程式をみたすことがわかる．

$$\begin{aligned}
\frac{d}{ds}\langle \mathbf{T}(s), \mathbf{T}(s)\rangle &= 2\kappa(s)\langle \mathbf{T}(s), \mathbf{N}(s)\rangle \\
\frac{d}{ds}\langle \mathbf{N}(s), \mathbf{N}(s)\rangle &= -2\kappa(s)\langle \mathbf{T}(s), \mathbf{N}(s)\rangle + 2\tau(s)\langle \mathbf{N}(s), \mathbf{B}(s)\rangle \\
\frac{d}{ds}\langle \mathbf{B}(s), \mathbf{B}(s)\rangle &= -2\tau(s)\langle \mathbf{N}(s), \mathbf{B}(s)\rangle \\
\frac{d}{ds}\langle \mathbf{T}(s), \mathbf{N}(s)\rangle &= \kappa(s)\langle \mathbf{N}(s), \mathbf{N}(s)\rangle - \kappa(s)\langle \mathbf{T}(s), \mathbf{T}(s)\rangle \\
&\quad + \tau(s)\langle \mathbf{T}(s), \mathbf{B}(s)\rangle \\
\frac{d}{ds}\langle \mathbf{T}(s), \mathbf{B}(s)\rangle &= \kappa(s)\langle \mathbf{N}(s), \mathbf{B}(s)\rangle - \tau(s)\langle \mathbf{T}(s), \mathbf{N}(s)\rangle \\
\frac{d}{ds}\langle \mathbf{N}(s), \mathbf{B}(s)\rangle &= -\kappa(s)\langle \mathbf{T}(s), \mathbf{B}(s)\rangle + \tau(s)\langle \mathbf{B}(s), \mathbf{B}(s)\rangle \\
&\quad - \tau(s)\langle \mathbf{N}(s), \mathbf{N}(s)\rangle
\end{aligned} \tag{3.9}$$

(3.9) の解がみたすべき初期条件は

$$\begin{aligned}
&\langle \mathbf{T}(s_0), \mathbf{T}(s_0)\rangle = 1, \quad \langle \mathbf{N}(s_0), \mathbf{N}(s_0)\rangle = 1, \quad \langle \mathbf{B}(s_0), \mathbf{B}(s_0)\rangle = 1, \\
&\langle \mathbf{T}(s_0), \mathbf{N}(s_0)\rangle = 0, \quad \langle \mathbf{T}(s_0), \mathbf{B}(s_0)\rangle = 0, \quad \langle \mathbf{N}(s_0), \mathbf{B}(s_0)\rangle = 0
\end{aligned} \tag{3.10}$$

であるが，微分方程式の解の一意性より，初期条件 (3.10) をみたす

[34] 右辺が未知関数の 1 次式であるような微分方程式．

微分方程式 (3.9) の解は

$$\begin{aligned}&\langle \mathbf{T}(s), \mathbf{T}(s)\rangle = 1, \quad \langle \mathbf{N}(s), \mathbf{N}(s)\rangle = 1, \quad \langle \mathbf{B}(s), \mathbf{B}(s)\rangle = 1, \\ &\langle \mathbf{T}(s), \mathbf{N}(s)\rangle = 0, \quad \langle \mathbf{T}(s), \mathbf{B}(s)\rangle = 0, \quad \langle \mathbf{N}(s), \mathbf{B}(s)\rangle = 0\end{aligned} \tag{3.11}$$

であることが示され，$\{\mathbf{T}(s), \mathbf{N}(s), \mathbf{B}(s)\}$ が正規直交基底になることがわかる．

さて，(3.8) の解を用いて，ベクトル値関数 $\mathbf{x}(s)$ を次の式で定義する．

$$\mathbf{x}(s) = \int_{s_0}^{s} \mathbf{T}(t)\, dt$$

すると，$\mathbf{x}(s)$ によって定義される曲線の曲率は $\kappa(s)$，捩率は $\tau(s)$ となる． □

定理 3.4 2 つの E^3 内の曲線 $\mathbf{x}_1(s)$, $\mathbf{x}_2(s)$ に対して，s はともに弧長パラメータであるとする．$\kappa_1(s)$, $\tau_1(s)$ を $\mathbf{x}_1(s)$ の曲率と捩率，$\kappa_2(s)$, $\tau_2(s)$ を $\mathbf{x}_2(s)$ の曲率と捩率とするとき，すべての $s\,(a \leq s \leq b)$ に対して $\kappa_1(s) = \kappa_2(s)$ かつ $\tau_1(s) = \tau_2(s)$ が成り立つならば，$\{\mathbf{x}_1(s) \mid a \leq s \leq b\}$ と $\{\mathbf{x}_2(s) \mid a \leq s \leq b\}$ は合同である．

証明. $\mathbf{x}_1(s), \mathbf{x}_2(s)$ のフルネ枠をそれぞれ $\{\mathbf{T}_1(s), \mathbf{N}_1(s), \mathbf{B}_1(s)\}$, $\{\mathbf{T}_2(s), \mathbf{N}_2(s), \mathbf{B}_2(s)\}$ とする．E^3 の適当な合同変換で曲線を動かすことにより，ある s_0 $(a < s_0 < b)$ に対して $\mathbf{x}_1(s_0) = \mathbf{x}_2(s_0)$, $\mathbf{T}_1(s_0) = \mathbf{T}_2(s_0)$, $\mathbf{N}_1(s_0) = \mathbf{N}_2(s_0)$, $\mathbf{B}_1(s_0) = \mathbf{B}_2(s_0)$ であると仮定してよい． このとき，定理 3.3 の証明で見たように，$\{\mathbf{T}_1(s), \mathbf{N}_1(s), \mathbf{B}_1(s)\}$ と $\{\mathbf{T}_2(s), \mathbf{N}_2(s), \mathbf{B}_2(s)\}$ は同じ微分方程式の同じ初期条件のもとでの解であるから，微分方程式の解の一意性より，すべての s に対して一致し，さらに $\mathbf{x}_1(s_0) = \mathbf{x}_2(s_0)$ を仮定しているから，すべての s に対して $\mathbf{x}_1(s) = \mathbf{x}_2(s)$ が成り立つ． □

以上で証明されたが，微分方程式の解の一意性に頼らない証明を以下で紹介しよう[35]．次の関数を考える．

$$f(s) = |\mathbf{T}_1(s) - \mathbf{T}_2(s)|^2 + |\mathbf{N}_1(s) - \mathbf{N}_2(s)|^2 + |\mathbf{B}_1(s) - \mathbf{B}_2(s)|^2$$

35) こちらの説明のほうがより幾何学的であるように思われる．

(3.5), (3.6), (3.7) を用いると次の式を得る.

$$\begin{aligned}
\frac{df}{ds} &= 2\left\langle \mathbf{T}_1(s)-\mathbf{T}_2(s), \frac{d\mathbf{T}_1}{ds}-\frac{d\mathbf{T}_2}{ds}\right\rangle \\
&\quad + 2\left\langle \mathbf{N}_1(s)-\mathbf{N}_2(s), \frac{d\mathbf{N}_1}{ds}-\frac{d\mathbf{N}_2}{ds}\right\rangle \\
&\quad + 2\left\langle \mathbf{B}_1(s)-\mathbf{B}_2(s), \frac{d\mathbf{B}_1}{ds}-\frac{d\mathbf{B}_2}{ds}\right\rangle \\
&= 2\left\langle \mathbf{T}_1(s), -\kappa(s)\mathbf{N}_2(s)\right\rangle - 2\left\langle \mathbf{T}_2(s), \kappa(s)\mathbf{N}_1(s)\right\rangle \\
&\quad + 2\left\langle \mathbf{N}_1(s), \kappa(s)\mathbf{T}_2(s)\right\rangle + 2\left\langle \mathbf{N}_1(s), -\tau(s)\mathbf{B}_2(s)\right\rangle \\
&\quad - 2\left\langle \mathbf{N}_2(s), -\kappa(s)\mathbf{T}_1(s)\right\rangle - 2\left\langle \mathbf{N}_2(s), \tau(s)\mathbf{B}_1(s)\right\rangle \\
&\quad + 2\left\langle \mathbf{B}_1(s), \tau(s)\mathbf{N}_2(s)\right\rangle - 2\left\langle \mathbf{B}_2(s), -\tau(s)\mathbf{N}_1(s)\right\rangle \\
&= 0
\end{aligned} \tag{3.12}$$

したがって，$f(s)$ は定数関数となるが，$f(s_0)=0$ であるから，すべての s に対して $f(s)=0$ となり，とくに $\mathbf{T}_1(s)=\mathbf{T}_2(s)$ が成り立つ．$\mathbf{x}_1(s_0)=\mathbf{x}_2(s_0)$ を仮定しているから，すべての s に対して $\mathbf{x}_1(s)=\mathbf{x}_2(s)$ が成り立つ． □

問 3.5

(1) E^3 内の曲線がある平面に含まれているならば，その曲線の捩率はいたるところで 0 であることを示せ．

(2) E^3 内の曲線の捩率がいたるところで 0 であるならば，その曲線はある平面に含まれていることを示せ．

問 3.6

(1) $\mathbf{x}(s) = \left(\frac{1}{\sqrt{2}}\cos s, \frac{1}{\sqrt{2}}\sin s, \frac{s}{\sqrt{2}}\right)$ で定義される曲線の曲率と捩率を求めよ．

(2) E^3 内の曲線で，曲率が a で一定，捩率が b で一定であるものは次の式で表される「らせん形」の曲線[36]（またはその一部）に合同であることを示せ．

$$(x(s), y(s), z(s)) = \left(\frac{a\cos(\sqrt{a^2+b^2}\,s)}{a^2+b^2}, \frac{a\sin(\sqrt{a^2+b^2}\,s)}{a^2+b^2}, \frac{b\,s}{\sqrt{a^2+b^2}}\right)$$

36)

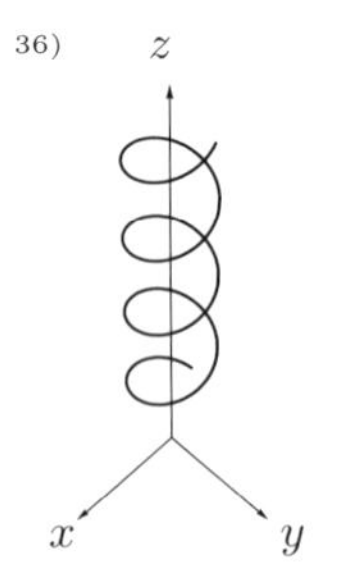

問 3.6(1)　答
$\kappa(s)=1/\sqrt{2}$, $\tau(s)=1/\sqrt{2}$

4 ユークリッド空間内の曲面

曲線に続いて，ユークリッド空間内の曲面を見てみよう．対象が 1 次元的な図形から 2 次元的な図形になり，扱う関数が 1 変数関数から 2 変数関数になることによって，扱う情報量が増えてくる．曲面の形を知る上で有用な情報は何か，それらはどのようにして得られるか，などについて考えていこう．考えることは増えるが，その分，見る景色も広がってくる．

4.1 ユークリッド空間内の曲面

まず，3 次元ユークリッド空間 E^3 内の曲面の定義について述べる．ここで曲面と呼んでいるものは，E^3 のベクトルを値とする（以下の議論を展開するのに必要なだけの微分可能性をもつ）2 変数関数

$$\mathbf{x}(u_1, u_2) = (\, x(u_1, u_2),\, y(u_1, u_2),\, z(u_1, u_2)\,), \qquad (4.1)$$

あるいはその像の図形 S のことである[37]．(4.1) を曲面 S の（パラメータ u_1, u_2 による）**パラメータ表示** と言う．それぞれの成分が C^1 級（偏微分可能で，偏導関数が連続）であるとき

$$\frac{\partial \mathbf{x}}{\partial u_1} = \left(\frac{\partial x}{\partial u_1}, \frac{\partial y}{\partial u_1}, \frac{\partial z}{\partial u_1} \right), \qquad \frac{\partial \mathbf{x}}{\partial u_2} = \left(\frac{\partial x}{\partial u_2}, \frac{\partial y}{\partial u_2}, \frac{\partial z}{\partial u_2} \right)$$

は S に接するベクトル（接ベクトル）である[38]．曲面をパラメータ表示する場合，2 つのベクトル $\partial \mathbf{x}/\partial u_1$ と $\partial \mathbf{x}/\partial u_2$ が 1 次独立であるほうが都合がよい．$\partial \mathbf{x}/\partial u_1$ と $\partial \mathbf{x}/\partial u_2$ がすべての点で 1 次独立であるような曲面を正則曲面と言うが，以下では正則曲面のみを扱うことにし，正則曲面を単に曲面と呼ぶことにする．パラメータ表示 (4.1) におけるパラメータ u_1, u_2 の定義域は $\mathbf{R}^2$ の開集合であるが，この開集合を U とするとき，(4.1) は U から曲面 S への 1 対 1 写像であることが望ましい．しかし実際には，曲面全体を一つのパラメータ表示で表すことは不可能であることが多い[39]．

例 4.1　S を半径 R の球面 $\{(x, y, z) \mid x^2 + y^2 + z^2 = R^2\}$ とする．$\mathbf{R}^2$ の開集合から S 全体への 1 対 1 写像は存在しないから，S を 1 つのパラメータ表示で表すことはできない．以下では，6 つのパラメータ表示を「貼りあわせる」ことによって S 全体を覆うようなパラメータ表示を与えよう．まず，$U = \{(u_1, u_2) \mid -\frac{\pi}{2} < u_1 < \frac{\pi}{2},\, 0 < u_2 < \pi\}$ とし，U から S への 6 つの写像 $\mathbf{x}_1$, $\mathbf{x}_2$, $\mathbf{x}_3$, $\mathbf{x}_4$, $\mathbf{x}_5$, $\mathbf{x}_6$ を次のように定義する．

[37] 「座標に依存しない量で図形の形を調べる」ことが目標であるから，(4.1) のような式をはじめは使うが，徐々に座標から離れていく方向で話を進めて行く．

[38] $\partial \mathbf{x}/\partial u_1$，$\partial \mathbf{x}/\partial u_2$ はそれぞれ「$u_2 =$ 一定」，「$u_1 =$ 一定」 であるような S 上の曲線に接するベクトルである．

[39] 曲面 S が $\mathbf{R}^2$ のどんな開集合とも同相（連続な全単射が存在するような関係）ではないような場合がこれに当てはまる．

$$\mathbf{x}_1(u_1, u_2) = (R\cos u_1 \cos u_2, R\cos u_1 \sin u_2, R\sin u_1)$$
$$\mathbf{x}_2(u_1, u_2) = (-R\cos u_1 \sin u_2, R\cos u_1 \cos u_2, R\sin u_1)$$
$$\mathbf{x}_3(u_1, u_2) = (-R\cos u_1 \cos u_2, -R\cos u_1 \sin u_2, R\sin u_1)$$
$$\mathbf{x}_4(u_1, u_2) = (R\cos u_1 \sin u_2, -R\cos u_1 \cos u_2, R\sin u_1)$$
$$\mathbf{x}_5(u_1, u_2) = (R\sin u_1, R\cos u_1 \cos u_2, R\cos u_1 \sin u_2)$$
$$\mathbf{x}_6(u_1, u_2) = (R\sin u_1, -R\cos u_1 \cos u_2, -R\cos u_1 \sin u_2)$$

すると，それぞれの $\mathbf{x}_i$ $(i = 1, \ldots, 6)$ は U から開半球面への連続な全単射になっており，S 内のすべての点はいずれかの $\mathbf{x}_i$ の像の中にある．

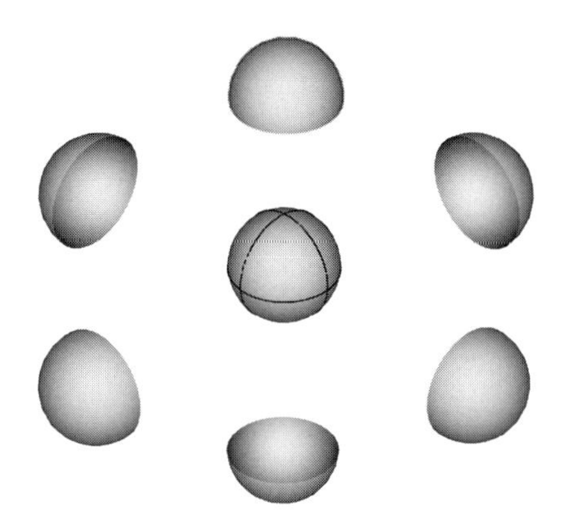

例 4.2 パラメータ t を用いて表された (x, z) 平面内の曲線 $(x(t), z(t))$ を x 軸のまわりに回転させて得られる曲面（回転面）S は

$$\mathbf{x}(t, \theta) = (x(t), z(t)\cos\theta, z(t)\sin\theta)$$

とパラメータ表示される．

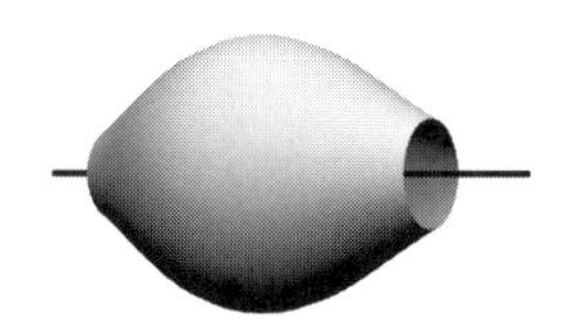

例 4.3　S を 2 変数関数 $f(x,y)$ のグラフ $z=f(x,y)$ とする．S は

$$\mathbf{x}(x,y)=(x,y,f(x,y))$$

とパラメータ表示される．

曲面 S の任意の接ベクトル $\mathbf{X}$ は

$$\mathbf{X}=\xi_1\,\frac{\partial\mathbf{x}}{\partial u_1}+\xi_2\,\frac{\partial\mathbf{x}}{\partial u_2}$$

と表される．p における S の接ベクトル全体の作る 2 次元ベクトル空間を T_pS で表し，**接平面**と呼ぶ．接平面に垂直なベクトルを p における S の**法ベクトル**と呼ぶ[40]．

40) 法ベクトルの方向はベクトル積 $\frac{\partial\mathbf{x}}{\partial u_1}\times\frac{\partial\mathbf{x}}{\partial u_2}$ を用いて求めることができる．

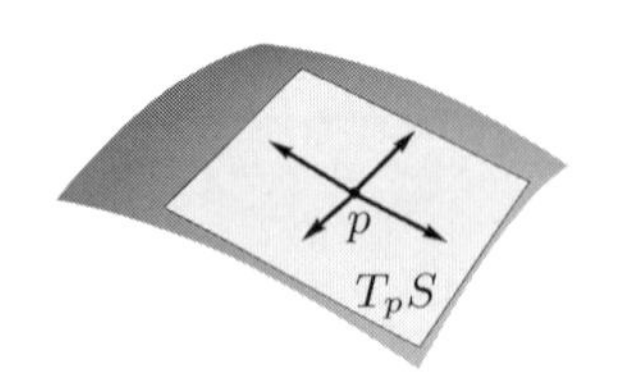

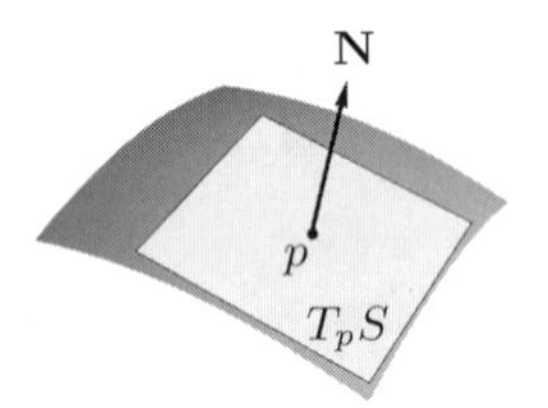

問 4.1　例 4.1 のひとつのパラメータ表示 $\mathbf{x}_1$ について，$\partial\mathbf{x}_1/\partial u_1$ と $\partial\mathbf{x}_1/\partial u_2$ を計算せよ．これを用いて S の法ベクトルを求め，半径方向のベクトルとなっていることを確認せよ．

問 4.2　例 4.2 の回転面について，$\partial\mathbf{x}/\partial t$ と $\partial\mathbf{x}/\partial\theta$ を計算し，法ベクトルを求めよ．

問 4.2　答
$(zz',-x'z\cos\theta,-x'z\sin\theta$

問 4.3　例 4.3 のグラフで表される曲面について，$\partial\mathbf{x}/\partial x$ と $\partial\mathbf{x}/\partial y$ を計算し，法ベクトルを求めよ．

問 4.3　答
$(-\frac{\partial f}{\partial x},-\frac{\partial f}{\partial y},1)$

曲面 S 内の任意の点 p : $\mathbf{x}(a_1,a_2)$ と p における任意の接ベクトル $\mathbf{X}=\xi_1\frac{\partial\mathbf{x}}{\partial u_1}(a_1,a_2)+\xi_2\frac{\partial\mathbf{x}}{\partial u_2}(a_1,a_2)$ に対して，t をパラメータとする (u_1,u_2) 平面で曲線 $(u_1(t),u_2(t))$ で

$$(u_1(0),u_2(0))=(a_1,a_2),\quad\left(\frac{du_1}{dt}(0),\frac{du_2}{dt}(0)\right)=(\xi_1,\xi_2)\qquad(4.2)$$

をみたすものをとる[41]．すると $\mathbf{x}(u_1(t),u_2(t))$ は曲面 S 上の曲線を定義するが，この曲線の $t=0$ における接ベクトルは次の式が示すように $\mathbf{X}$ である．

41) この曲線は一意的ではない．

$$\left.\frac{d}{dt}\mathbf{x}(u_1(t), u_2(t))\right|_{t=0} = \frac{du_1}{dt}(0)\frac{\partial \mathbf{x}}{\partial u_1}(a_1, a_2) + \frac{du_2}{dt}(0)\frac{\partial \mathbf{x}}{\partial u_2}(a_1, a_2)$$
$$= \mathbf{X}$$

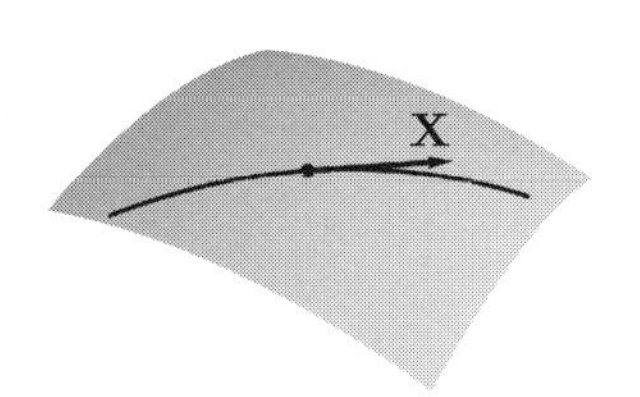

曲面 S の曲がり方は S の単位法ベクトル場 $\mathbf{N}$ の動きを追うことによって調べることができる．$\mathbf{N}(u_1, u_2)$ を S 内の点 $\mathbf{x}(u_1, u_2)$ における単位法ベクトルとする[42]．$\mathbf{N}(u_1, u_2)$ の u_1, u_2 に関する偏導関数は連続であると仮定する．$\mathbf{x}(u_1, u_2)$ が C^2 級であるならば，そのような単位法ベクトル場は少なくとも局所的にはとることができる[43]．まず，S 内で「$u_2 =$ 一定」で定義される曲線に沿う $\mathbf{N}$ の動きは $\partial\mathbf{N}/\partial u_1$ によって知ることができる．同様に，「$u_1 =$ 一定」で定義される曲線に沿う $\mathbf{N}$ の動きは $\partial\mathbf{N}/\partial u_2$ によって知ることができる．さらに，$\mathbf{X}$ を S 内の点 p における S の接ベクトルとするとき，$\mathbf{X}$ は $\mathbf{X} = \xi_1 \frac{\partial \mathbf{x}}{\partial u_1} + \xi_2 \frac{\partial \mathbf{x}}{\partial u_2}$ と表すことができるが，そのとき，$\mathbf{X}$ の方向の $\mathbf{N}$ の方向微分を $\bar{D}_{\mathbf{X}}\mathbf{N}$ で表すと，$\bar{D}_{\mathbf{X}}\mathbf{N}$ は具体的には

$$\bar{D}_{\mathbf{X}}\mathbf{N} = \xi_1 \frac{\partial \mathbf{N}}{\partial u_1} + \xi_2 \frac{\partial \mathbf{N}}{\partial u_2}$$

と書くことができる．(4.2) をみたす S 上の曲線を $\mathbf{x}(u_1(t), u_2(t))$ とすると，

$$\bar{D}_{\mathbf{X}}\mathbf{N} = \left.\frac{d}{dt}\mathbf{N}(u_1(t), u_2(t))\right|_{t=0}$$

が成り立つ．$\mathbf{N}$ は単位ベクトルであるから，$\langle \mathbf{N}, \mathbf{N} \rangle = 1$ が常に成り立ち，この両辺を $\mathbf{X}$ について微分することによって

$$\langle \mathbf{N}, \bar{D}_{\mathbf{X}}\mathbf{N} \rangle = 0$$

を得るから，$\bar{D}_{\mathbf{X}}\mathbf{N}$ は S に接するベクトルとなることがわかる．したがって，

$$A(\mathbf{X}) = \bar{D}_{\mathbf{X}}\mathbf{N}$$

42) とくに指定されない限り，2 つある方向のどちら向きにとってもよい．

43) S 全体でとることができるかどうかは，S が「向きづけ可能」であるかどうか，に関係がある．S が「メビウス (Möbius) の帯」のような向きづけ不可能な曲面であると，S 全体で連続な単位法ベクトル場をうまく定義することができない．

とおくと，A は T_pS から T_pS への写像を定義する．A は**型作用素** (shape operator) と呼ばれている．

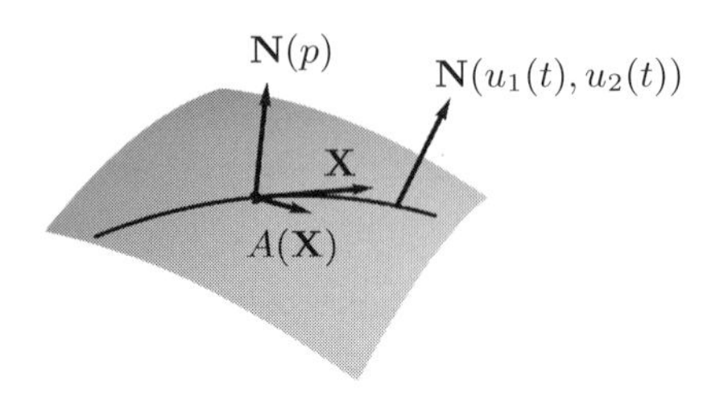

定理 4.1　A は線形変換である．

証明.　任意の接ベクトル $\mathbf{X}_1, \mathbf{X}_2$ と任意の実数 c_1, c_2 に対して

$$\begin{aligned} A(c_1\mathbf{X}_1 + c_2\mathbf{X}_2) &= \bar{D}_{c_1\mathbf{X}_1 + c_2\mathbf{X}_2}\mathbf{N} \\ &= c_1\bar{D}_{\mathbf{X}_1}\mathbf{N} + c_2\bar{D}_{\mathbf{X}_2}\mathbf{N} \\ &= c_1A(\mathbf{X}_1) + c_2A(\mathbf{X}_2) \end{aligned}$$

が成り立つから，A は線形変換である．　□

A を用いて $T_pS \times T_pS$ から $\mathbf{R}$ への写像 S を

$$S(\mathbf{X}, \mathbf{Y}) = \langle A(\mathbf{X}), \mathbf{Y} \rangle$$

によって定義する．S を**第 2 基本形式**と言う．第 2 基本形式に対して**第 1 基本形式**とは，単に，T_pS における内積 $\langle \mathbf{X}, \mathbf{Y} \rangle$ のことである．次の定理は第 2 基本形式の基本的な性質を示している．

定理 4.2
(1) 任意の $\mathbf{X}_1, \mathbf{X}_2, \mathbf{Y} \in T_pS$ に対して

$$\begin{aligned} S(c_1\mathbf{X}_1 + c_2\mathbf{X}_2, \mathbf{Y}) &= c_1S(\mathbf{X}_1, \mathbf{Y}) + c_2S(\mathbf{X}_2, \mathbf{Y}) \\ S(\mathbf{X}, c_1\mathbf{Y}_1 + c_2\mathbf{Y}_2) &= c_1S(\mathbf{X}, \mathbf{Y}_1) + c_2S(\mathbf{X}, \mathbf{Y}_2) \end{aligned}$$

が成り立つ[44]．

(2) 任意の $\mathbf{X}, \mathbf{Y} \in T_pS$ に対して $S(\mathbf{X}, \mathbf{Y}) = S(\mathbf{Y}, \mathbf{X})$ が成り立つ[45]．

44) すなわち，S は $T_pS \times T_pS$ から $\mathbf{R}$ への双線形写像である．

45) つまり線形変換 A について $\langle A(\mathbf{X}), \mathbf{Y} \rangle = \langle \mathbf{X}, A(\mathbf{Y}) \rangle$ が成り立つ．このような性質をもつ線形変換を自己随伴変換 (self adjoint transformation) と言う．

証明.

(1) は定理 4.1 より直ちに示される.

(2) については，まず $\mathbf{X}=\frac{\partial \mathbf{x}}{\partial u_i}$, $\mathbf{Y}=\frac{\partial \mathbf{x}}{\partial u_j}$ $(i,j=1,2)$ の場合について考える．まず，$\left\langle \frac{\partial \mathbf{x}}{\partial u_j}, \mathbf{N}\right\rangle=0$ であるから，両辺を u_i について微分することにより

$$\left\langle \frac{\partial^2 \mathbf{x}}{\partial u_i \partial u_j}, \mathbf{N}\right\rangle+\left\langle \frac{\partial \mathbf{x}}{\partial u_j}, \frac{\partial \mathbf{N}}{\partial u_i}\right\rangle=0$$

を得るが，$A\left(\frac{\partial \mathbf{x}}{\partial u_j}\right)=\bar{D}_{\frac{\partial \mathbf{x}}{\partial u_j}}\mathbf{N}=\frac{\partial \mathbf{N}}{\partial u_j}$ であるから，

$$\begin{aligned}
S\left(\frac{\partial \mathbf{x}}{\partial u_i}, \frac{\partial \mathbf{x}}{\partial u_j}\right) &= \left\langle A\left(\frac{\partial \mathbf{x}}{\partial u_i}\right), \frac{\partial \mathbf{x}}{\partial u_j}\right\rangle \\
&= \left\langle \frac{\partial \mathbf{N}}{\partial u_i}, \frac{\partial \mathbf{x}}{\partial u_j}\right\rangle \\
&= -\left\langle \mathbf{N}, \frac{\partial^2 \mathbf{x}}{\partial u_i \partial u_j}\right\rangle \\
&= -\left\langle \mathbf{N}, \frac{\partial^2 \mathbf{x}}{\partial u_j \partial u_i}\right\rangle \\
&= \left\langle \frac{\partial \mathbf{N}}{\partial u_j}, \frac{\partial \mathbf{x}}{\partial u_i}\right\rangle \\
&= \left\langle A\left(\frac{\partial \mathbf{x}}{\partial u_j}\right), \frac{\partial \mathbf{x}}{\partial u_i}\right\rangle \\
&= S\left(\frac{\partial \mathbf{x}}{\partial u_j}, \frac{\partial \mathbf{x}}{\partial u_i}\right)
\end{aligned}$$

が成り立つ．次に $\mathbf{X}$, $\mathbf{Y}$ が任意の接ベクトルである場合を考えると，$\mathbf{X}=\xi_1\frac{\partial \mathbf{x}}{\partial u_1}+\xi_2\frac{\partial \mathbf{x}}{\partial u_2}$, $\mathbf{Y}=\eta_1\frac{\partial \mathbf{x}}{\partial u_1}+\eta_2\frac{\partial \mathbf{x}}{\partial u_2}$ とおいて，

$$\begin{aligned}
S(\mathbf{X},\mathbf{Y}) &= \langle A(\mathbf{X}), \mathbf{Y}\rangle \\
&= \left\langle A\left(\xi_1\frac{\partial \mathbf{x}}{\partial u_1}+\xi_2\frac{\partial \mathbf{x}}{\partial u_2}\right), \eta_1\frac{\partial \mathbf{x}}{\partial u_1}+\eta_2\frac{\partial \mathbf{x}}{\partial u_2}\right\rangle \\
&= \left\langle \xi_1 A\left(\frac{\partial \mathbf{x}}{\partial u_1}\right)+\xi_2 A\left(\frac{\partial \mathbf{x}}{\partial u_2}\right), \eta_1\frac{\partial \mathbf{x}}{\partial u_1}+\eta_2\frac{\partial \mathbf{x}}{\partial u_2}\right\rangle \\
&= \xi_1\eta_1\left\langle A\left(\frac{\partial \mathbf{x}}{\partial u_1}\right), \frac{\partial \mathbf{x}}{\partial u_1}\right\rangle+\xi_1\eta_2\left\langle A\left(\frac{\partial \mathbf{x}}{\partial u_1}\right), \frac{\partial \mathbf{x}}{\partial u_2}\right\rangle \\
&\quad +\xi_2\eta_1\left\langle A\left(\frac{\partial \mathbf{x}}{\partial u_2}\right), \frac{\partial \mathbf{x}}{\partial u_1}\right\rangle+\xi_2\eta_2\left\langle A\left(\frac{\partial \mathbf{x}}{\partial u_2}\right), \frac{\partial \mathbf{x}}{\partial u_2}\right\rangle
\end{aligned}$$

$$= \langle \mathbf{X}, A(\mathbf{Y}) \rangle$$
$$= S(\mathbf{Y}, \mathbf{X})$$

が示される. □

接平面 T_pS の基底 $\{\mathbf{a}_1, \mathbf{a}_2\}$ をとり,

$$A(\mathbf{a}_1) = h_{11}\mathbf{a}_1 + h_{12}\mathbf{a}_2, \qquad A(\mathbf{a}_2) = h_{21}\mathbf{a}_1 + h_{22}\mathbf{a}_2$$

とおくとき, 行列

$$\bar{A} = \begin{pmatrix} h_{11} & h_{12} \\ h_{21} & h_{22} \end{pmatrix}$$

の行列式 $\det \bar{A}$, 跡 $\mathrm{trace}\bar{A}$ は基底のとり方によらず定まる幾何学的不変量である[46]ので, 以下では単に $\det A$, $\mathrm{trace}A$ と書くことにする.

$$K = \det A = h_{11}h_{22} - h_{12}h_{21}$$

は**ガウス曲率**と呼ばれ,

$$H = \frac{\mathrm{trace}\,A}{2} = \frac{h_{11} + h_{22}}{2}$$

は**平均曲率**と呼ばれる[47].

ここで接平面 T_pS の基底として正規直交基底 $\{\mathbf{e}_1, \mathbf{e}_2\}$ をとり, 上と同じく

$$A(\mathbf{e}_1) = h_{11}\mathbf{e}_1 + h_{12}\mathbf{e}_2, \qquad A(\mathbf{e}_2) = h_{21}\mathbf{e}_1 + h_{22}\mathbf{e}_2$$

とおくと, h_{ij} は

$$h_{ij} = \langle A(\mathbf{e}_i), \mathbf{e}_j \rangle$$

と表される. 定理 4.2 より $h_{12} = h_{21}$ が成り立つので $\bar{A} = (h_{ij})$ は対称行列となる. $\bar{A}$ の固有値は

$$\det \begin{pmatrix} h_{11} - \lambda & h_{12} \\ h_{21} & h_{22} - \lambda \end{pmatrix} = 0 \tag{4.3}$$

の解であるが, (4.3) は

$$\lambda^2 - (h_{11} + h_{22})\lambda + (h_{11}h_{22} - h_{12}h_{21}) = 0$$

すなわち

[46] $\{\mathbf{b}_1, \mathbf{b}_2\}$ を T_pS の別の基底とし, M を $\{\mathbf{b}_1, \mathbf{b}_2\}$ から $\{\mathbf{a}_1, \mathbf{a}_2\}$ への基底変換を表す行列とすると, 第 2 基本形式を $\{\mathbf{b}_1, \mathbf{b}_2\}$ を用いて行列で表したものは $M^{-1}\bar{A}M$ となるが, $\det(M^{-1}\bar{A}M) = \det M^{-1} \det \bar{A} \det M = \det \bar{A}$, $\mathrm{trace}(M^{-1}\bar{A}M) = \mathrm{trace}(\bar{A}MM^{-1}) = \mathrm{trace}\bar{A}$ が成り立つ.

[47] 本書では「ミンコフスキーの積分公式」(第 9 章) を除いてほとんど平均曲率の出てくる場面はないが, 平均曲率については昔から現在にいたるまで活発に研究されている. その一つの理由は, 与えられた境界条件のもとで面積最小の曲面を求める問題 (与えられた形に針金で作られた枠を張る石けん膜の形を求める問題) と平均曲率が深く結びついているからである.

$$\lambda^2 - 2H\lambda + K = 0$$

という λ に関する 2 次方程式となり，$\bar{A}$ の固有値は $H + \sqrt{H^2 - K}$ と $H - \sqrt{H^2 - K}$ であることがわかる．$h_{12} = h_{21}$ であるから

$$\begin{aligned} H^2 - K &= \frac{1}{4}\left((h_{11} + h_{22})^2 - 4(h_{11}h_{22} - h_{12}h_{21})\right) \\ &= \frac{1}{4}\left((h_{11} - h_{22})^2 + 4h_{12}h_{21}\right) \\ &= \frac{1}{4}\left((h_{11} - h_{22})^2 + 4h_{12}^2\right) \\ &\geq 0 \end{aligned}$$

となり，$\bar{A}$ の固有値は実数である[48]．$\bar{A}$ の固有値は**主曲率**と呼ばれる．上で述べたように，主曲率を λ, μ $(\lambda \geq \mu)$ とすると，λ, μ はガウス曲率 K と平均曲率 H を用いて

$$\lambda = H + \sqrt{H^2 - K}, \qquad \mu = H - \sqrt{H^2 - K}$$

と表される幾何学的不変量である．また逆に，ガウス曲率，平均曲率は主曲率を用いて

$$K = \lambda\mu, \qquad H = \frac{\lambda + \mu}{2}$$

と表される．λ に対応する $\bar{A}$ の固有ベクトルを $\begin{pmatrix} \xi_1 \\ \xi_2 \end{pmatrix}$ とすると，

$$\begin{pmatrix} h_{11} & h_{12} \\ h_{21} & h_{22} \end{pmatrix} \begin{pmatrix} \xi_1 \\ \xi_2 \end{pmatrix} = \lambda \begin{pmatrix} \xi_1 \\ \xi_2 \end{pmatrix}$$

が成り立つが，これは，$\mathbf{X} = \xi_1\mathbf{e}_1 + \xi_2\mathbf{e}_2$ とおくと，

$$A(\mathbf{X}) = \lambda\mathbf{X} \tag{4.4}$$

が成り立ち，$\mathbf{X}$ が線形変換 A の固有ベクトルであることを意味する．同様に，固有値 μ に対応する $\bar{A}$ の固有ベクトルから

$$A(\mathbf{Y}) = \mu\mathbf{Y} \tag{4.5}$$

をみたすベクトル $\mathbf{Y}$ が求まる．(4.4), (4.5) の $\mathbf{X}, \mathbf{Y}$ は**主曲率ベクトル**と呼ばれる．

48) 「実対称行列の固有値は実数である」という線形代数の定理からもこのことがわかる．

定理 4.3
(1) 曲面 S 上の点 p において 2 つの主曲率が異なるとき，それぞれの主曲率に対応する主曲率ベクトルは直交する．

(2) 2 つの主曲率が等しいとき，T_pS のすべてのベクトルが主曲率ベクトルとなる．

証明. (1) 主曲率を λ, μ $(\lambda \neq \mu)$，それぞれの主曲率に対応する主曲率ベクトルを $\mathbf{X}, \mathbf{Y}$ とするとき，

$$\langle A(\mathbf{X}), \mathbf{Y}\rangle = \langle \lambda\mathbf{X}, \mathbf{Y}\rangle = \lambda\langle \mathbf{X}, \mathbf{Y}\rangle$$

$$\langle \mathbf{X}, A(\mathbf{Y})\rangle = \langle \mathbf{X}, \mu\mathbf{Y}\rangle = \mu\langle \mathbf{X}, \mathbf{Y}\rangle$$

が成り立つ．ところが，

$$\langle A(\mathbf{X}), \mathbf{Y}\rangle = \langle \mathbf{X}, A(\mathbf{Y})\rangle$$

であるから，

$$\lambda\langle \mathbf{X}, \mathbf{Y}\rangle = \mu\langle \mathbf{X}, \mathbf{Y}\rangle$$

となり，$\lambda \neq \mu$ であるならば $\langle \mathbf{X}, \mathbf{Y}\rangle = 0$ が導かれる．

(2) $\lambda = \mu$ $(= c)$ となるのは

$$\begin{pmatrix} h_{11} & h_{12} \\ h_{21} & h_{22} \end{pmatrix} = \begin{pmatrix} c & 0 \\ 0 & c \end{pmatrix}$$

のときである．このとき，すべての接ベクトル $\mathbf{Z}$ について $A(\mathbf{Z}) = c\mathbf{Z}$ が成り立つ． □

主曲率については次のような図形的な解釈が可能である．$\mathbf{X}$ を曲面 S 上の点 p における単位接ベクトルとする．p における S の単位法ベクトル $\mathbf{N}$ と $\mathbf{X}$ によって張られる平面を Π とし，Π による S の切り口を $C : \mathbf{x}(s)$（s は弧長パラメータ）とする．

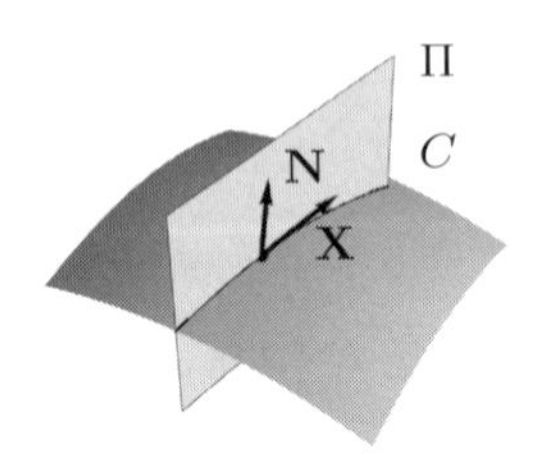

C の平面曲線としての p における曲率は

$$\left\langle \frac{d^2\mathbf{x}}{ds^2}, \mathbf{N} \right\rangle = -\left\langle \frac{d\mathbf{x}}{ds}, \frac{d\mathbf{N}}{ds} \right\rangle = -S(\mathbf{X}, \mathbf{X})$$

となり，第 2 基本形式と関係づけられることがわかる．定理 4.3 より，主曲率ベクトルを使って T_pS の正規直交基底を作ることができるから，これを $\{\mathbf{e}_1, \mathbf{e}_2\}$ とすると，$\mathbf{X} = \cos\theta\,\mathbf{e}_1 + \sin\theta\,\mathbf{e}_2$ と表すとき，

$$S(\mathbf{X}, \mathbf{X}) = \lambda\cos^2\theta + \mu\sin^2\theta$$

となる（λ, μ はそれぞれ $\mathbf{e}_1$, $\mathbf{e}_2$ に対応する主曲率）．$\lambda \geq \mu$ と仮定すると，$S(\mathbf{X}, \mathbf{X})$ の最大値は λ（$\mathbf{X} = \pm\mathbf{e}_1$ のとき），最小値は μ（$\mathbf{X} = \pm\mathbf{e}_2$ のとき）である．すなわち，切り口の平面曲線の曲率の最大値と最小値はそれぞれ曲面の主曲率に（正負の符号を除いて）等しい．

曲面を法ベクトルを含む平面で切った切り口の平面曲線の曲率と主曲率の関係について述べたが，ガウス曲率は 2 つの主曲率の積であるから，ガウス曲率の符号と曲面の形に下図のような関係があることがわかる．

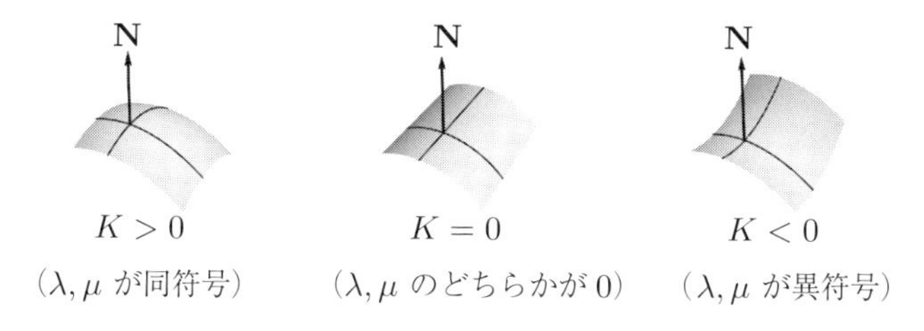

$K > 0$ （λ, μ が同符号）　$K = 0$ （λ, μ のどちらかが 0）　$K < 0$ （λ, μ が異符号）

問 4.4

(1) $\mathbf{x}(u_1, u_2) = (R\cos u_1 \cos u_2, R\cos u_1 \sin u_2, R\sin u_1)$ によってパラメータ表示された球面 S (例 4.1, 問 4.1) について，S の接平面の基底として $\{\partial\mathbf{x}/\partial u_1, \partial\mathbf{x}/\partial u_2\}$ を用いるときの線形変換 A を表す行列 $\bar{A}$ を求め，S のすべての接ベクトルは主曲率ベクトルとなることを示せ．

(2) S のガウス曲率は R^{-2} で一定であること．平均曲率は R^{-1} で一定であることを示せ．

問 4.5 $(x(t), z(t)) = \left(t, \frac{e^t+e^{-t}}{2}\right)$ として，$\mathbf{x}(t, \theta) = (x(t), z(t)\cos\theta, z(t)\sin\theta)$ によって定義される回転面（例 4.2，問 4.2）について，$\{\partial\mathbf{x}/\partial t, \partial\mathbf{x}/\partial\theta\}$ を接平面の基底に用いるときの線形変換 A を表す行列 $\bar{A}$ を求め，S の平均曲率は一定であることを示せ．

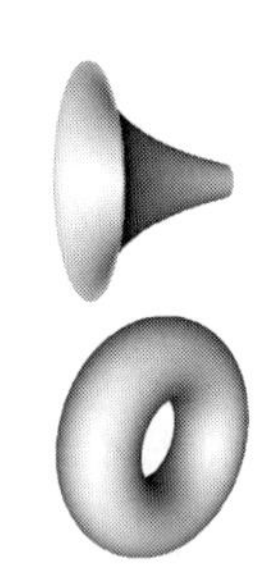

問 4.6 $(x(t), z(t)) = \left(-\sin t + \log\left(\frac{1}{\cos t} + \tan t\right), \cos t\right)$ として，$\mathbf{x}(t,\theta) = (x(t), z(t)\cos\theta, z(t)\sin\theta)$ によって定義される回転面のガウス曲率はいたるところで -1 であることを示せ.

問 4.7 $(x(t), z(t)) = (\cos t, 2 + \sin t)$ として，$\mathbf{x}(t,\theta) = (x(t), z(t)\cos\theta, z(t)\sin\theta)$ によって定義される回転面のガウス曲率は $0 < t < \pi$ において正，$\pi < t < 2\pi$ において負，$t = 0, \pi, 2\pi$ において 0 であることを示せ.

問 4.8 S を 2 変数関数 $f(x,y)$ のグラフ $z = f(x,y)$ で表された曲面とする（例 4.3，問 4.3）．(a,b) を $f(x,y)$ の臨界点（すなわち $\frac{\partial f}{\partial x}(a,b) = 0$, $\frac{\partial f}{\partial y}(a,b) = 0$）とする．$\left\{\frac{\partial \mathbf{x}}{\partial x}(a,b), \frac{\partial \mathbf{x}}{\partial y}(a,b)\right\}$ を $(a, b, f(a,b))$ における接平面の基底に用いるとき，線形変換 A を表す行列は

$$\bar{A} = \begin{pmatrix} \frac{\partial^2 f}{\partial x^2}(a,b) & \frac{\partial^2 f}{\partial x \partial y}(a,b) \\ \frac{\partial^2 f}{\partial x \partial y}(a,b) & \frac{\partial^2 f}{\partial y^2}(a,b) \end{pmatrix}$$

となることを示せ.

問 4.9 $z = x^2 + y^2$ のグラフで表された曲面のガウス曲率はいたるところで正であることを示せ.

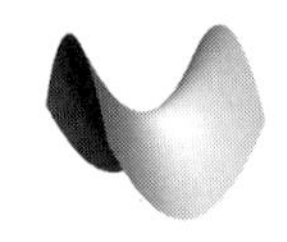

問 4.10 $z = x^2 - y^2$ のグラフで表された曲面のガウス曲率はいたるところで負であることを示せ.

4.2 曲面のガウス写像

ユークリッド空間内の曲線に対して，その単位接ベクトルを始点が原点となるように平行移動することによって得られる，曲線から単位球面への写像をガウス写像と呼んだが，曲面の場合は単位法ベクトルに対して同様の平行移動を行うことにより，曲面から単位球面への写像を定義し，これをガウス写像と呼ぶ．すなわち，S 上の点 p における単位法ベクトル [49] を $\mathbf{N}(p)$ とするとき，E^3 内の平行移動によって $\mathbf{N}(p)$ の始点を原点へ移動し，単位球面 S^2 の点と見なすことによって得られる S から S^2 への写像が S のガウス写像である.

49) 2つの方向があり，「内向き」「外向き」のようにどちらかを指定できることもあるが，ここではとくに指定はしないで話を進める.

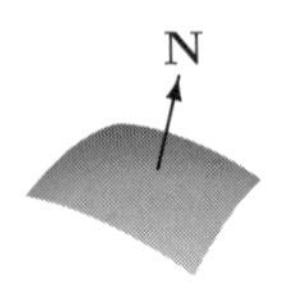

曲面のガウス写像

$\mathbf{X}$ を p における S の接ベクトルとする．$\mathbf{x}(t)$ を p を始点とし，p で $\mathbf{X}$ に接する S 上の曲線とする．(すなわち，$\mathbf{x}(0) = p$, $\frac{d\mathbf{x}}{dt}\Big|_{t=0} = \mathbf{X}$) すると $\mathbf{N}(\mathbf{x}(t))$ は S^2 上の曲線となり，$\mathbf{N}(\mathbf{x}(0)) = \mathbf{N}(p)$ である．$\frac{d}{dt}\mathbf{N}(\mathbf{x}(t))\Big|_{t=0}$ は $\mathbf{N}(p)$ において $\mathbf{N}(\mathbf{x}(t))$ に接する S^2 の接ベクトルであるが，次の式によって S の接ベクトル $A(\mathbf{X})$ に平行であることがわかる．

$$\frac{d}{dt}\mathbf{N}(\mathbf{x}(t))\Big|_{t=0} = \bar{D}_{\mathbf{X}}\mathbf{N} = A(\mathbf{X}).$$

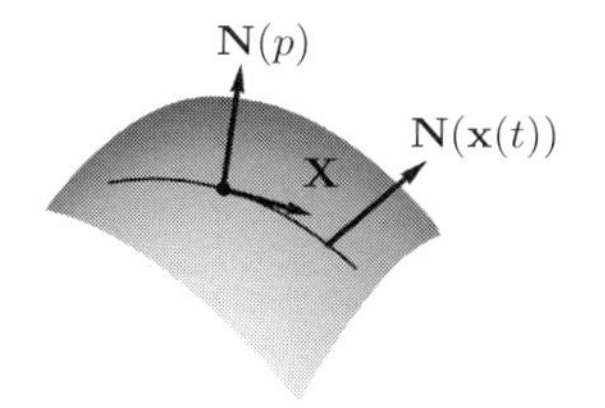

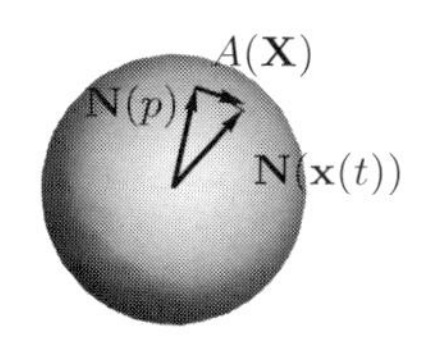

ガウス写像の接ベクトル

ガウス曲率のひとつの意味を次の定理は与えている．ここで，曲面 S は $\mathbf{x}(u_1, u_2)$ によってパラメータ表示されているとし，$\mathbf{x}(u_1, u_2)$ における S の単位法ベクトルを $\mathbf{N}(u_1, u_2)$ とする．

定理 4.4　曲面 S のガウス曲率を K とするとき，次の式が成り立つ．

$$\frac{\partial \mathbf{N}}{\partial u_1} \times \frac{\partial \mathbf{N}}{\partial u_2} = K\left(\frac{\partial \mathbf{x}}{\partial u_1} \times \frac{\partial \mathbf{x}}{\partial u_2}\right)$$

証明.

$$\frac{\partial \mathbf{N}}{\partial u} = h_{11}\frac{\partial \mathbf{x}}{\partial u_1} + h_{12}\frac{\partial \mathbf{x}}{\partial u_2}$$
$$\frac{\partial \mathbf{N}}{\partial v} = h_{21}\frac{\partial \mathbf{x}}{\partial u_1} + h_{22}\frac{\partial \mathbf{x}}{\partial u_2}$$

とおくと，

$$\begin{aligned}\frac{\partial \mathbf{N}}{\partial u_1} \times \frac{\partial \mathbf{N}}{\partial u_2} &= (h_{11}h_{22} - h_{12}h_{21})\frac{\partial \mathbf{x}}{\partial u_1} \times \frac{\partial \mathbf{x}}{\partial u_2} \\ &= K\left(\frac{\partial \mathbf{x}}{\partial u_1} \times \frac{\partial \mathbf{x}}{\partial u_2}\right)\end{aligned}$$

□

一般に2次元ベクトル空間から2次元ベクトル空間への線形写像 A によって平行四辺形の面積は $|\mathrm{det}A|$ 倍されるから，定理4.4は $\mathbf{N}$ を単位球面 S^2 へ平行移動することによって S の面積要素が $|\mathrm{det}A|$ 倍されることを示している．すなわち，Ω を S 上の微小領域とし，Ω の面積を dA とするとき，$\{\mathbf{N}(p) \mid p \in \Omega\}$ の S^2 内での面積は $|\mathrm{det}A|\,dA$ である．$K = \mathrm{det}A$ であるから，これは $|K|dA$ に等しい．

微小領域のガウス写像

$K > 0$ のときには $\mathbf{N}$ の単位球面 S^2 へ平行移動によって曲面の「向き」は保たれ，$K < 0$ のときには曲面の「向き」は保たれない．

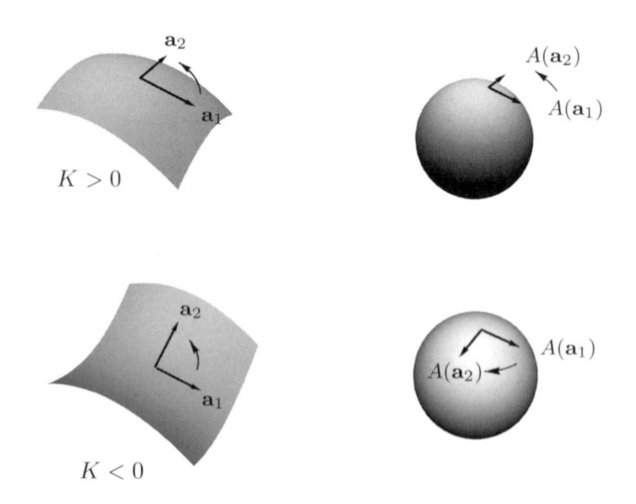

4.3 曲面の基本方程式

3次元ユークリッド空間 E^3 内の曲面 S が $\mathbf{x}(u_1, u_2)$ とパラメータ表示されているとする．p を S の点，$\mathbf{X}$ を p における S の接ベクトル，$\mathbf{Y}$ を p のまわりで定義された S の接ベクトル場とする．このとき，$\mathbf{X}$ の方向の $\mathbf{Y}$ の方向微分 $\bar{D}_{\mathbf{X}}\mathbf{Y}$ が定義される (§2.4)．$\mathbf{X} = \xi_1 \frac{\partial \mathbf{x}}{\partial u_1} + \xi_2 \frac{\partial \mathbf{x}}{\partial u_2}$, $\mathbf{Y} = \eta_1 \frac{\partial \mathbf{x}}{\partial u_1} + \eta_2 \frac{\partial \mathbf{x}}{\partial u_2}$ とすると，$\bar{D}_{\mathbf{X}}\mathbf{Y}$ は

$$\begin{aligned}\bar{D}_{\mathbf{X}}\mathbf{Y} &= (\mathbf{X}\eta_1)\frac{\partial \mathbf{x}}{\partial u_1} + \eta_1 \bar{D}_{\mathbf{X}}\frac{\partial \mathbf{x}}{\partial u_1} + (\mathbf{X}\eta_2)\frac{\partial \mathbf{x}}{\partial u_2} + \eta_2 \bar{D}_{\mathbf{X}}\frac{\partial \mathbf{x}}{\partial u_2} \\ &= \left(\xi_1 \frac{\partial \eta_1}{\partial u_1} + \xi_2 \frac{\partial \eta_1}{\partial u_2}\right)\frac{\partial \mathbf{x}}{\partial u_1} + \eta_1\left(\xi_1 \frac{\partial^2 \mathbf{x}}{\partial u_1^2} + \xi_2 \frac{\partial^2 \mathbf{x}}{\partial u_2 \partial u_1}\right) \\ &\quad + \left(\xi_1 \frac{\partial \eta_2}{\partial u_1} + \xi_2 \frac{\partial \eta_2}{\partial u_2}\right)\frac{\partial \mathbf{x}}{\partial u_2} + \eta_2\left(\xi_1 \frac{\partial^2 \mathbf{x}}{\partial u_1 \partial u_2} + \xi_2 \frac{\partial^2 \mathbf{x}}{\partial u_2^2}\right)\end{aligned}$$

と書き表される．$\bar{D}_{\mathbf{X}}\mathbf{Y}$ の S に接する方向の成分を $D_{\mathbf{X}}\mathbf{Y}$ と表す．$\bar{D}_{\mathbf{X}}\mathbf{Y}$ の 法方向の成分は

$$\langle \bar{D}_{\mathbf{X}}\mathbf{Y}, \mathbf{N}\rangle \mathbf{N} = -\langle \mathbf{Y}, \bar{D}_{\mathbf{X}}\mathbf{N}\rangle \mathbf{N} = -\langle \mathbf{Y}, A(\mathbf{X})\rangle \mathbf{N}$$

であるから

$$\bar{D}_{\mathbf{X}}\mathbf{Y} = D_{\mathbf{X}}\mathbf{Y} - \langle A(\mathbf{X}), \mathbf{Y}\rangle \mathbf{N}$$

が成り立つ．

以下では，接ベクトル $\partial \mathbf{x}/\partial u_1$, $\partial \mathbf{x}/\partial u_2$ を簡略化して $\mathbf{X}_1$, $\mathbf{X}_2$ と表すことにする．

$$\bar{D}_{\mathbf{X}_1}\mathbf{X}_2 = \frac{\partial^2 \mathbf{x}}{\partial u_1 \partial u_2} = \frac{\partial^2 \mathbf{x}}{\partial u_2 \partial u_1} = \bar{D}_{\mathbf{X}_2}\mathbf{X}_1$$

であるから，S に接する方向の成分をとることにより，

$$D_{\mathbf{X}_1}\mathbf{X}_2 = D_{\mathbf{X}_2}\mathbf{X}_1 \tag{4.6}$$

が成り立つ．さらに，

$$\begin{aligned}\bar{D}_{\mathbf{X}_1}\bar{D}_{\mathbf{X}_2}\mathbf{X}_2 - \bar{D}_{\mathbf{X}_2}\bar{D}_{\mathbf{X}_1}\mathbf{X}_2 &= \frac{\partial^3 \mathbf{x}}{\partial u_1 \partial u_2 \partial u_2} - \frac{\partial^3 \mathbf{x}}{\partial u_2 \partial u_1 \partial u_2} \\ &= \mathbf{0}\end{aligned} \tag{4.7}$$

であるが，これに

$$\bar{D}_{\mathbf{X}_2}\mathbf{X}_2 = D_{\mathbf{X}_2}\mathbf{X}_2 - \langle A(\mathbf{X}_2), \mathbf{X}_2\rangle \mathbf{N},$$
$$\bar{D}_{\mathbf{X}_1}\mathbf{X}_2 = D_{\mathbf{X}_1}\mathbf{X}_2 - \langle A(\mathbf{X}_1), \mathbf{X}_2\rangle \mathbf{N}$$

を代入した式の接方向成分と法方向成分をとることにより，次の 2 つの式を得る．

$$\begin{aligned} &D_{\mathbf{X}_1}D_{\mathbf{X}_2}\mathbf{X}_2 - D_{\mathbf{X}_2}D_{\mathbf{X}_1}\mathbf{X}_2 \\ &\qquad = \langle A(\mathbf{X}_2), \mathbf{X}_2\rangle A(\mathbf{X}_1) - \langle A(\mathbf{X}_1), \mathbf{X}_2\rangle A(\mathbf{X}_2) \end{aligned} \tag{4.8}$$

$$\begin{aligned} &\mathbf{X}_1\langle A(\mathbf{X}_2), \mathbf{X}_2\rangle - \mathbf{X}_2\langle A(\mathbf{X}_1), \mathbf{X}_2\rangle \\ &\qquad = \langle A(\mathbf{X}_1), D_{\mathbf{X}_2}\mathbf{X}_2\rangle - \langle A(\mathbf{X}_2), D_{\mathbf{X}_1}\mathbf{X}_2\rangle \end{aligned} \tag{4.9}$$

問 4.11 (4.7) から (4.8), (4.9) を導け．

(4.7) の代わりに

$$\bar{D}_{\mathbf{X}_1}\bar{D}_{\mathbf{X}_2}\mathbf{X}_1 - \bar{D}_{\mathbf{X}_2}\bar{D}_{\mathbf{X}_1}\mathbf{X}_1 = \mathbf{0}$$

をもとに計算すると，次の 2 式を得る．

$$\begin{aligned} &D_{\mathbf{X}_1}D_{\mathbf{X}_2}\mathbf{X}_1 - D_{\mathbf{X}_2}D_{\mathbf{X}_1}\mathbf{X}_1 \\ &\qquad = \langle A(\mathbf{X}_2), \mathbf{X}_1\rangle A(\mathbf{X}_1) - \langle A(\mathbf{X}_1), \mathbf{X}_1\rangle A(\mathbf{X}_2) \end{aligned} \tag{4.10}$$

$$\begin{aligned} &\mathbf{X}_1\langle A(\mathbf{X}_2), \mathbf{X}_1\rangle - \mathbf{X}_2\langle A(\mathbf{X}_1), \mathbf{X}_1\rangle \\ &\qquad = \langle A(\mathbf{X}_1), D_{\mathbf{X}_2}\mathbf{X}_1\rangle - \langle A(\mathbf{X}_2), D_{\mathbf{X}_1}\mathbf{X}_1\rangle \end{aligned} \tag{4.11}$$

任意の接ベクトル場 $\mathbf{X}$, $\mathbf{Y}$, $\mathbf{Z}$ について，(4.8), (4.10) の左辺と同じ式 $D_{\mathbf{X}}D_{\mathbf{Y}}\mathbf{Z} - D_{\mathbf{Y}}D_{\mathbf{X}}\mathbf{Z}$ を考えてみよう．$\mathbf{X} = \xi_1\mathbf{X}_1 + \xi_2\mathbf{X}_2$, $\mathbf{Y} = \eta_1\mathbf{X}_1 + \eta_2\mathbf{X}_2$, $\mathbf{Z} = \zeta_1\mathbf{X}_1 + \zeta_2\mathbf{X}_2$ とおくと，

$$\begin{aligned} &D_{\mathbf{X}}D_{\mathbf{Y}}\mathbf{Z} - D_{\mathbf{Y}}D_{\mathbf{X}}\mathbf{Z} \\ &\qquad = \sum_{i,j,k=1}^{2} \xi_i\eta_j\zeta_k(D_{\mathbf{X}_i}D_{\mathbf{X}_j}\mathbf{X}_k - D_{\mathbf{X}_j}D_{\mathbf{X}_i}\mathbf{X}_k) \\ &\qquad\quad + \sum_{i,j,k=1}^{2} (\xi_k(\mathbf{X}_k\eta_j) - \eta_k(\mathbf{X}_k\xi_j))D_{\mathbf{X}_j}(\zeta_i\mathbf{X}_i) \end{aligned} \tag{4.12}$$

となる.

問 4.12 (4.12) が成り立つことを示せ.

(4.12) の右辺の第 1 項については, (4.8), (4.10), 定理 4.2 を用いると, 次の等式が成り立つ.

$$\begin{aligned}&\sum_{i,j,k=1}^{2} \xi_i \eta_j \zeta_k (D_{\mathbf{X}_i} D_{\mathbf{X}_j} \mathbf{X}_k - D_{\mathbf{X}_j} D_{\mathbf{X}_i} \mathbf{X}_k) \\ &\quad = \langle A(\mathbf{Y}), \mathbf{Z} \rangle A(\mathbf{X}) - \langle A(\mathbf{X}), \mathbf{Z} \rangle A(\mathbf{Y})\end{aligned} \tag{4.13}$$

問 4.13 (4.13) が成り立つことを示せ.

(4.12) の第 2 項は $\mathbf{X}, \mathbf{Y}, \mathbf{Z}$ が $\mathbf{X}_1, \mathbf{X}_2$ のときには $\mathbf{0}$ となり現れない項であるが, この項に関連して次のベクトル場を考えよう.

$$\sum_{j,k=1}^{2} (\xi_k (\mathbf{X}_k \eta_j) - \eta_k (\mathbf{X}_k \xi_j)) \mathbf{X}_j \tag{4.14}$$

接ベクトル場 $\mathbf{X}$, $\mathbf{Y}$ から (4.14) によって定まる接ベクトル場を $\mathbf{X}$ と $\mathbf{Y}$ の**カッコ積** (bracket) と言い, $[\mathbf{X}, \mathbf{Y}]$ で表す. $[\mathbf{X}, \mathbf{Y}]$ は次の性質をもつ.

定理 4.5

(1) $[\mathbf{X}, \mathbf{Y}] = \bar{D}_{\mathbf{X}} \mathbf{Y} - \bar{D}_{\mathbf{Y}} \mathbf{X}$

(2) $[\mathbf{X}, \mathbf{Y}] = D_{\mathbf{X}} \mathbf{Y} - D_{\mathbf{Y}} \mathbf{X}$

(3) S 上の任意の関数 f について, $[\mathbf{X}, \mathbf{Y}] f = \mathbf{X}\mathbf{Y} f - \mathbf{Y}\mathbf{X} f$

問 4.14 定理 4.5 の (1)〜(3) を証明せよ.

問 4.15 $\left[\frac{\partial \mathbf{x}}{\partial u_i}, \frac{\partial \mathbf{x}}{\partial u_j}\right] = \mathbf{0}$ を示せ. [50)]

カッコ積を用いると (4.12) は次のように書くことができる[51)].

$$\begin{aligned}&D_{\mathbf{X}} D_{\mathbf{Y}} \mathbf{Z} - D_{\mathbf{Y}} D_{\mathbf{X}} \mathbf{Z} - D_{[\mathbf{X}, \mathbf{Y}]} \mathbf{Z} \\ &\quad = \langle A(\mathbf{Y}), \mathbf{Z} \rangle A(\mathbf{X}) - \langle A(\mathbf{X}), \mathbf{Z} \rangle A(\mathbf{Y})\end{aligned} \tag{4.15}$$

50) 逆に, $[\mathbf{X}, \mathbf{Y}] = \mathbf{0}$ が成り立つと, S を表示するパラメータ (v_1, v_2) で $\mathbf{X} = \frac{\partial \mathbf{x}}{\partial v_1}$, $\mathbf{Y} = \frac{\partial \mathbf{x}}{\partial v_2}$ をみたすものが存在する. 定理 6.3 を見よ.

51) (4.15) の右辺の値は $\mathbf{X}, \mathbf{Y}, \mathbf{Z}$ の 1 点における値によって定まる. したがって, 左辺の式で個々の項は $\mathbf{X}, \mathbf{Y}, \mathbf{Z}$ のベクトル場としての性質に依存するが, 全体としては 1 点の値のみに依存することがわかる. 左辺の式は「曲率テンソル」と呼ばれるが, 第 6 章で改めて取り上げることにする.

また，(4.9), (4.11) より次の式が導かれる．

$$\begin{aligned}&\mathbf{X}\langle A(\mathbf{Y}),\mathbf{Z}\rangle-\mathbf{Y}\langle A(\mathbf{X}),\mathbf{Z}\rangle\\&+\langle A(\mathbf{X}),D_{\mathbf{Y}}\mathbf{Z}\rangle-\langle A(\mathbf{Y}),D_{\mathbf{X}}\mathbf{Z}\rangle-\langle A(\mathbf{Z}),[\mathbf{X},\mathbf{Y}]\rangle=0\end{aligned}\tag{4.16}$$

(4.15) は**ガウスの方程式**，(4.16) は**コダッチの方程式**[52] と呼ばれる．ガウスの方程式，コダッチの方程式は曲面の微分幾何学における基本的な方程式である．次節ではガウスの方程式のもつ重要な意味について説明する．

[52] Delfino Codazzi (1824–1873).

4.4 ガウスの方程式と“内在的な”幾何学

曲面における第 1 基本形式とは接ベクトルの内積のことである．曲面上の曲線の長さは内積を用いて計算することができる．また，2 つの接ベクトルの間の角の大きさも内積を用いて計算することができる．さらに，以下で示すように，ガウスの方程式に現れる「D」も内積とその微分を用いて表すことができる．

まず，$\mathbf{X}_1=\partial\mathbf{x}/\partial u_1, \mathbf{X}_2=\partial\mathbf{x}/\partial u_2$ とおき，さらに

$$g_{ij}=\langle\mathbf{X}_i,\mathbf{X}_j\rangle$$

とおく．任意の曲面 S の接ベクトル場 $\mathbf{X}$, $\mathbf{Y}$ について，$\mathbf{X}=\xi_1\mathbf{X}_1+\xi_2\mathbf{X}_2$, $\mathbf{Y}=\eta_1\mathbf{X}_1+\eta_2\mathbf{X}_2$ とすると，

$$D_{\mathbf{X}}\mathbf{Y}=\sum_{i,j=1}^{2}\left(\xi_i\left(\frac{\partial\eta_j}{\partial u_i}\right)\mathbf{X}_j+\xi_i\eta_jD_{\mathbf{X}_i}\mathbf{X}_j\right)$$

が成り立つ．さて，ここで $D_{\mathbf{X}_i}\mathbf{X}_j$ は接ベクトルであるから，$\mathbf{X}_1$ と $\mathbf{X}_2$ の 1 次結合で表すことができる．それを次の式のように書くことにしよう[53]．

$$D_{\mathbf{X}_i}\mathbf{X}_j=\sum_{k=1}^{2}\Gamma_{ij}^{k}\mathbf{X}_k\tag{4.17}$$

示したいのは Γ_{ij}^k が g_{ij} と $\partial g_{ij}/\partial u_k$ によって表されることであるが，そのためにまず $\partial g_{ij}/\partial u_k$ を計算し，その結果を Γ_{ij}^k を用いて表してみると，

[53] 「Γ_{ij}^k」は「クリストッフェル (Christoffel) の記号」と呼ばれ，この係数を表すのに伝統的に用いられている記号である．ここでもそれにならうことにする．

$$
\begin{aligned}
\frac{\partial g_{ij}}{\partial u_k} &= \frac{\partial}{\partial u_k}\langle \mathbf{X}_i, \mathbf{X}_j\rangle \\
&= \langle D_{\mathbf{X}_k}\mathbf{X}_i, \mathbf{X}_j\rangle + \langle \mathbf{X}_i, D_{\mathbf{X}_k}\mathbf{X}_j\rangle \\
&= \left\langle \sum_{\ell=1}^{2}\Gamma_{ki}^{\ell}\mathbf{X}_\ell, \mathbf{X}_j\right\rangle + \left\langle \mathbf{X}_i, \sum_{\ell=1}^{2}\Gamma_{kj}^{\ell}\mathbf{X}_\ell\right\rangle \\
&= \sum_{\ell=1}^{2}\left(\Gamma_{ki}^{\ell}g_{\ell j} + \Gamma_{kj}^{\ell}g_{i\ell}\right)
\end{aligned}
\tag{4.18}
$$

となる．これは 8 個の方程式を与えるが，$g_{12} = g_{21}$ であるから，実質的には 6 個の方程式になる．一方，Γ_{ij}^k については，(4.6) で示したように $D_{\mathbf{X}_i}\mathbf{X}_j = D_{\mathbf{X}_j}\mathbf{X}_i$ であるから，

$$
\Gamma_{ij}^k = \Gamma_{ji}^k
$$

が成り立ち，実質的に異なる Γ_{ij}^k は 6 個である．(4.18) を Γ_{ij}^k について実際に解くと

$$
\Gamma_{ij}^k = \frac{1}{2}\sum_{m=1}^{2} g^{mk}\left(\frac{\partial g_{jm}}{\partial u_i} + \frac{\partial g_{mi}}{\partial u_j} - \frac{\partial g_{ij}}{\partial u_m}\right) \tag{4.19}
$$

が得られる．ここで g^{ij} は $\begin{pmatrix} g_{11} & g_{12} \\ g_{21} & g_{22} \end{pmatrix}$ の逆行列の成分を表す[54]．これより $D_{\mathbf{X}}\mathbf{Y}$ は第 1 基本形式によって完全に決定されることがわかる．また，任意の接ベクトル場 $\mathbf{X}$, $\mathbf{Y}$, $\mathbf{Z}$ について

$$
\begin{aligned}
\langle D_{\mathbf{X}}\mathbf{Y}, \mathbf{Z}\rangle = \frac{1}{2}\Big(&\mathbf{X}\langle \mathbf{Y}, \mathbf{Z}\rangle + \mathbf{Y}\langle \mathbf{X}, \mathbf{Z}\rangle - \mathbf{Z}\langle \mathbf{X}, \mathbf{Y}\rangle \\
&- \langle [\mathbf{X}, \mathbf{Y}], \mathbf{Z}\rangle - \langle [\mathbf{X}, \mathbf{Z}], \mathbf{Y}\rangle - \langle [\mathbf{Y}, \mathbf{Z}], \mathbf{X}\rangle\Big)
\end{aligned}
\tag{4.20}
$$

が成り立つが，この式からも $D_{\mathbf{X}}\mathbf{Y}$ が第 1 基本形式 $\langle\ ,\ \rangle$ とその微分で表されることがわかる．

問 4.16 (4.18) 式から (4.19) 式を導け．

問 4.17 (4.20) 式が成り立つことを示せ．

$\mathbf{X}$, $\mathbf{Y}$ を S の接ベクトル場[55] とするとき，ガウスの方程式 (4.15) より次の式が成り立つ．

[54] すなわち，

$$
\begin{aligned}
g^{11} &= \frac{g_{22}}{g_{11}g_{22} - g_{12}g_{21}} \\
g^{12} &= g^{21} \\
&= \frac{-g_{12}}{g_{11}g_{22} - g_{12}g_{21}} \\
g^{22} &= \frac{g_{11}}{g_{11}g_{22} - g_{12}g_{21}}
\end{aligned}
$$

[55] 局所的に定義されていればよい．

$$
\begin{aligned}
&\langle D_{\mathbf{X}} D_{\mathbf{Y}} \mathbf{Y} - D_{\mathbf{Y}} D_{\mathbf{X}} \mathbf{Y} - D_{[\mathbf{X},\mathbf{Y}]} \mathbf{Y}, \mathbf{X} \rangle \\
&\qquad = \langle A(\mathbf{X}), \mathbf{X} \rangle \langle A(\mathbf{Y}), \mathbf{Y} \rangle - \langle A(\mathbf{X}), \mathbf{Y} \rangle \langle A(\mathbf{Y}), \mathbf{X} \rangle
\end{aligned}
\tag{4.21}
$$

この右辺の式はガウス曲率と結びつけることができる．それを見るために，

$$
\begin{aligned}
\mathbf{X} &= \xi_1 \mathbf{X}_1 + \xi_2 \mathbf{X}_2 \\
\mathbf{Y} &= \eta_1 \mathbf{X}_1 + \eta_2 \mathbf{X}_2, \\
A(\mathbf{X}_1) &= h_{11} \mathbf{X}_1 + h_{12} \mathbf{X}_2 \\
A(\mathbf{X}_2) &= h_{21} \mathbf{X}_1 + h_{22} \mathbf{X}_2,
\end{aligned}
$$

$(\mathbf{X}_i = \partial \mathbf{x} / \partial u_i)$ とおき，これらを (4.21) の右辺に代入すると，

$$
\begin{aligned}
&\langle A(\mathbf{X}), \mathbf{X} \rangle \langle A(\mathbf{Y}), \mathbf{Y} \rangle - \langle A(\mathbf{X}), \mathbf{Y} \rangle \langle A(\mathbf{Y}), \mathbf{X} \rangle \\
&\quad = (\xi_1 \eta_2 - \xi_2 \eta_1)^2 (\langle A(\mathbf{X}_1), \mathbf{X}_1 \rangle \langle A(\mathbf{X}_2), \mathbf{X}_2 \rangle \\
&\qquad\qquad - \langle A(\mathbf{X}_1), \mathbf{X}_2 \rangle \langle A(\mathbf{X}_2), \mathbf{X}_1 \rangle) \\
&\quad = (\xi_1 \eta_2 - \xi_2 \eta_1)^2 \Big((h_{11} g_{11} + h_{12} g_{21})(h_{21} g_{12} + h_{22} g_{22}) \\
&\qquad\qquad - (h_{11} g_{12} + h_{12} g_{22})(h_{21} g_{11} + h_{22} g_{21}) \Big) \\
&\quad = (\xi_1 \eta_2 - \xi_2 \eta_1)^2 (h_{11} h_{22} - h_{12} h_{21})(g_{11} g_{22} - g_{12} g_{21}) \\
&\quad = (\xi_1 \eta_2 - \xi_2 \eta_1)^2 \det(h_{ij}) \det(g_{ij}) \\
&\quad = (\xi_1 \eta_2 - \xi_2 \eta_1)^2 K \det(g_{ij})
\end{aligned}
\tag{4.22}
$$

を得る. 一方,

$$
\langle \mathbf{X}, \mathbf{X} \rangle \langle \mathbf{Y}, \mathbf{Y} \rangle - \langle \mathbf{X}, \mathbf{Y} \rangle^2 = (\xi_1 \eta_2 - \xi_2 \eta_1)^2 \det(g_{ij}) \tag{4.23}
$$

が成り立つから，$\mathbf{X}$ と $\mathbf{Y}$ が 1 次独立であるとき，(4.21), (4.22), (4.23) より次の式が得られる.

$$
K = \frac{\langle D_{\mathbf{X}} D_{\mathbf{Y}} \mathbf{Y} - D_{\mathbf{Y}} D_{\mathbf{X}} \mathbf{Y} - D_{[\mathbf{X},\mathbf{Y}]} \mathbf{Y}, \mathbf{X} \rangle}{\langle \mathbf{X}, \mathbf{X} \rangle \langle \mathbf{Y}, \mathbf{Y} \rangle - \langle \mathbf{X}, \mathbf{Y} \rangle^2} \tag{4.24}
$$

(4.24) の右辺に現れる項はすべて第 1 基本形式とその微分で表すことができるから，次の定理が成り立つ.

定理 4.6　曲面 S のガウス曲率 K の値は第 1 基本形式のみで決定される.

ガウス曲率 $K = \det A$ の値は点の位置だけで決まるから，(4.24) の右辺の値は $\mathbf{X}, \mathbf{Y}$ の選び方によらず定まることがわかる[56]．局所座標を用いるとガウス曲率 K は次の式で与えられる．

56) 型作用素 A を使うことができない「抽象的な曲面」では，(4.24) の右辺の式を使ってガウス曲率を定義することになる．(⇒ 第 6 章)

$$K = (\det(g_{ij}))^{-1} \left(\sum_{k=1}^{2} \frac{\partial \Gamma_{22}^{k}}{\partial u_1} g_{k1} + \sum_{k,\ell=1}^{2} \Gamma_{22}^{k} \Gamma_{1k}^{\ell} g_{\ell 1} - \sum_{k=1}^{2} \frac{\partial \Gamma_{12}^{k}}{\partial u_2} g_{k1} - \sum_{k,\ell=1}^{2} \Gamma_{12}^{k} \Gamma_{2k}^{\ell} g_{\ell 1} \right) \tag{4.25}$$

問 4.18 (4.25) を示せ．

定理 4.6 は曲面の幾何学において重要な意味をもつ．実際，ガウス自身はこの定理を「驚異の定理」[57] と呼んでいる．「驚異」とまで呼ぶ理由は次のようなことにあるのではないかと思われる．

57) ラテン語の Theorema Egregium の和訳．

- ユークリッド空間内の曲面の曲がり具合を知るために，曲面の法ベクトルの動きを見た．
- 法ベクトルの動きを表す量として第 2 基本形式が現れ，そこからガウス曲率が定義された．
- しかし，そのガウス曲率は第 1 基本形式のみで表されることがわかった．
- これは，ガウス曲率で表される曲面の曲がり具合は，曲面を離れて外から見なくても，曲面の上を動くことで得られる情報のみで測ることができる，ということを意味している．

上で述べた「曲面の上を動くことで得られる情報」とは，イメージとしては，曲面を空中から見ることができず曲面の上を動くことしかできないアリが知り得る情報のことである．そのようなアリが自分のいる世界が平面のように平らなものなのか，球面のように曲がっているのか，知り得ることができるか，という問題への答をこの定理は与えている．答は「アリは自分のいる世界が曲がっているかどうか知り得る」である．

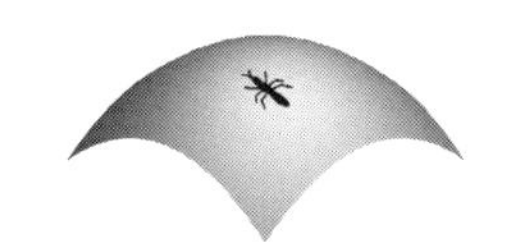

曲面の上だけで知り得る情報というのは，例えば「曲面上の 2 点間の距離（その 2 点を結ぶ曲線の長さの最小値）」，「その距離を与える 2 点を結ぶ最短線[58] の形」，2 本の最短線が交わるときのそれらの成す角の大きさなどである．このような量だけを用いて展開する幾何学を「内在的な幾何学 (intrinsic geometry)」と呼ぶことにしよう．これに対して，第 2 基本形式のように曲面から離れて観察する立場から定義される量を用いて展開する幾何学を「外在的な幾何学 (extrinsic geometry)」と呼ぶことにする．曲面の内在的な幾何学の先に「多様体への道」がある．しかし，先を急がないで，もう少し曲面を外在的な側面から見ていくことにしよう．

58)「測地線」と呼ばれる．

4.5 曲面論の基本定理

平面上の曲線の形は曲率によって決定され，空間内の曲線の形は曲率と捩率によって決定された．この節では「曲面の形は第 1 基本形式と第 2 基本形式によって決定される」ことについて述べる．そこでは，第 1 基本形式と第 2 基本形式の間の関係を表す 2 つの基本的な方程式，すなわち，ガウスの方程式 (4.15) とコダッチの方程式 (4.16) が重要な役割を果たしている．

曲面 S が $\mathbf{x}(u_1, u_2)$ とパラメータ表示されているとする．前節までと同様に，$\mathbf{X}_1 = \partial\mathbf{x}/\partial u_1$，$\mathbf{X}_2 = \partial\mathbf{x}/\partial u_2$ とおき，さらに，g_{ij}，h_{ij}, Γ_{ij}^k を

$$g_{ij} = \langle \mathbf{X}_1, \mathbf{X}_2 \rangle$$

$$A(\mathbf{X}_i) = \sum_{j=1}^{2} h_{ij}\mathbf{X}_j$$

$$D_{\mathbf{X}_i}\mathbf{X}_j = \sum_{j=1}^{2} \Gamma_{ij}^k \mathbf{X}_k$$

により定義する．定理 4.2 より $\langle A(\mathbf{X}_1), \mathbf{X}_2 \rangle = \langle \mathbf{X}_1, A(\mathbf{X}_2) \rangle$ であるから，

$$h_{11}g_{12} + h_{12}g_{22} = h_{21}g_{11} + h_{22}g_{21} \tag{4.26}$$

が成り立つ．また，$K = \det A$ であるから，(4.25) より

$$h_{11}h_{22} - h_{12}h_{21} = (\det(g_{ij}))^{-1} \left(\sum_{k=1}^{2} \frac{\partial \Gamma_{22}^{k}}{\partial u_1} g_{k1} + \sum_{k,\ell=1}^{2} \Gamma_{22}^{k} \Gamma_{1k}^{\ell} g_{\ell 1} \right. \\ \left. - \sum_{k=1}^{2} \frac{\partial \Gamma_{12}^{k}}{\partial u_2} g_{k1} - \sum_{k,\ell=1}^{2} \Gamma_{12}^{k} \Gamma_{2k}^{\ell} g_{\ell 1} \right) \tag{4.27}$$

が成り立つ．また，コダッチの方程式 (4.16) で $\mathbf{X} = \mathbf{X}_1$, $\mathbf{Y} = \mathbf{Z} = \mathbf{X}_2$ とおくことによって

$$\frac{\partial}{\partial u_1} \left(\sum_{k=1}^{2} h_{2k} g_{k2} \right) - \frac{\partial}{\partial u_2} \left(\sum_{k=1}^{2} h_{1k} g_{k2} \right) \\ + \left(\sum_{k,\ell=1}^{2} h_{1k} \Gamma_{22}^{\ell} g_{k\ell} \right) - \left(\sum_{k,\ell=1}^{2} h_{2k} \Gamma_{12}^{\ell} g_{k\ell} \right) = 0 \tag{4.28}$$

が，$\mathbf{X} = \mathbf{X}_2$, $\mathbf{Y} = \mathbf{Z} = \mathbf{X}_1$ とおくことによって

$$\frac{\partial}{\partial u_2} \left(\sum_{k=1}^{2} h_{1k} g_{k1} \right) - \frac{\partial}{\partial u_1} \left(\sum_{k=1}^{2} h_{2k} g_{k1} \right) \\ + \left(\sum_{k,\ell=1}^{2} h_{2k} \Gamma_{11}^{\ell} g_{k\ell} \right) - \left(\sum_{k,\ell=1}^{2} h_{1k} \Gamma_{21}^{\ell} g_{k\ell} \right) = 0 \tag{4.29}$$

が得られる．代入のしかたを変えても得られるのはこの 2 つの方程式のどちらかである．

次の「基本定理」で述べるように，ガウスの方程式とコダッチの方程式は与えられた 2 つの行列 (g_{ij}), (h_{ij}) をそれぞれ第 1 基本形式，第 2 基本形式として持つような曲面が 3 次元ユークリッド空間内に存在するための必要十分条件である（定理 4.7）．さらに，(g_{ij}), (h_{ij}) が一致する 2 つの曲面は合同である（定理 4.8）．その意味で，3 次元ユークリッド空間内の曲面の形は第 1 基本形式と第 2 基本形式によって完全に決定される．

定理 4.7 $g_{11}, g_{12}, g_{21}, g_{22}, h_{11}, h_{12}, h_{21}, h_{22}$ を (u_1, u_2) 平面上で定義された関数で次の性質をみたすものとする．

(1) $g_{11} > 0$, $g_{12} = g_{21}$,　$g_{22} > 0$, $g_{11}g_{22} > g_{12}g_{21}$

(2) g_{ij}, h_{ij} は (4.26) をみたす.

(3) g_{ij}, h_{ij} はガウスの方程式 (4.27) をみたす.

(4) g_{ij}, h_{ij} はコダッチの方程式 (4.28), (4.29) をみたす.

このとき, (u_1, u_2) でパラメータ表示されたユークリッド空間内の曲面 S で第 1 基本形式が g_{ij}, 第 2 基本形式が h_{ij} であるものが存在する.

定理 4.8　(u_1, u_2) によってパラメータ表示された 2 つの曲面 $S, \tilde{S}$ の第 1 基本形式をそれぞれ $(g_{ij}), (\tilde{g}_{ij})$, 第 2 基本形式をそれぞれ $(h_{ij}), (\tilde{h}_{ij})$ とする. すべての (u_1, u_2) について $g_{ij} = \tilde{g}_{ij}, h_{ij} = \tilde{h}_{ij}$ が成り立つとき, S と $\tilde{S}$ は合同である.

証明.　曲線論の基本定理（定理 3.3）の証明と同じように, 連立微分方程式の解の存在定理を用いた証明を紹介しよう.

まず, E^3 内に曲面があり, その上の点の位置ベクトルがパラメータ u_1, u_2 を用いて $\mathbf{x}(u_1, u_2)$ と表され, 単位法ベクトルが $\mathbf{N}(u_1, u_2)$ と表されているとすると, 次の式が成り立つ.

$$\begin{aligned}
\frac{\partial^2 \mathbf{x}}{\partial u_1^2} &= \Gamma_{11}^1 \frac{\partial \mathbf{x}}{\partial u_1} + \Gamma_{11}^2 \frac{\partial \mathbf{x}}{\partial u_2} + \alpha_{11}\mathbf{N} \\
\frac{\partial^2 \mathbf{x}}{\partial u_1 \partial u_2} &= \Gamma_{12}^1 \frac{\partial \mathbf{x}}{\partial u_1} + \Gamma_{12}^2 \frac{\partial \mathbf{x}}{\partial u_2} + \alpha_{12}\mathbf{N} \\
\frac{\partial^2 \mathbf{x}}{\partial u_2 \partial u_1} &= \Gamma_{21}^1 \frac{\partial \mathbf{x}}{\partial u_1} + \Gamma_{21}^2 \frac{\partial \mathbf{x}}{\partial u_2} + \alpha_{21}\mathbf{N} \\
\frac{\partial^2 \mathbf{x}}{\partial u_2^2} &= \Gamma_{22}^1 \frac{\partial \mathbf{x}}{\partial u_1} + \Gamma_{22}^2 \frac{\partial \mathbf{x}}{\partial u_2} + \alpha_{22}\mathbf{N} \\
\frac{\partial \mathbf{N}}{\partial u_1} &= h_{11} \frac{\partial \mathbf{x}}{\partial u_1} + h_{12} \frac{\partial \mathbf{x}}{\partial u_2} \\
\frac{\partial \mathbf{N}}{\partial u_2} &= h_{21} \frac{\partial \mathbf{x}}{\partial u_1} + h_{22} \frac{\partial \mathbf{x}}{\partial u_2}
\end{aligned} \tag{4.30}$$

（ここで, α_{ij} は g_{ij} と h_{ij} によって $\alpha_{ij} = -h_{i1}g_{1j} - h_{i2}g_{2j}$ と表される式である.）

$$\frac{\partial \mathbf{x}}{\partial u_1} = (\xi_{11}, \xi_{12}, \xi_{13}), \quad \frac{\partial \mathbf{x}}{\partial u_2} = (\xi_{21}, \xi_{22}, \xi_{23}), \quad \mathbf{N} = (\xi_{31}, \xi_{32}, \xi_{33})$$

とおくと, (4.30) は

$$
\begin{aligned}
\frac{\partial \xi_{j\ell}}{\partial u_1} &= \Gamma^1_{1j}\xi_{1\ell} + \Gamma^2_{1j}\xi_{2\ell} + \alpha_{1j}\xi_{3\ell} \\
\frac{\partial \xi_{j\ell}}{\partial u_2} &= \Gamma^1_{2j}\xi_{1\ell} + \Gamma^2_{2j}\xi_{2\ell} + \alpha_{2j}\xi_{3\ell} \\
\frac{\partial \xi_{3\ell}}{\partial u_1} &= h_{11}\xi_{1\ell} + h_{21}\xi_{2\ell} \\
\frac{\partial \xi_{3\ell}}{\partial u_2} &= h_{12}\xi_{1\ell} + h_{22}\xi_{2\ell}
\end{aligned}
\tag{4.31}
$$

$$(j = 1, 2,\ \ell = 1, 2, 3)$$

と表される．さて，以下では (4.31) を $\xi_{k\ell}(u_1, u_2)$ $(k, \ell = 1, 2, 3)$ を未知関数とする連立偏微分方程式と見る[59]．この定理では g_{ij}, h_{ij} は与えられているから，g_{ij} から (4.19) によって定まる関数 Γ^k_{ij} や，g_{ij} と h_{ij} から $\alpha_{ij} = -h_{i1}g_{1j} - h_{i2}g_{2j}$ によって定まる関数 α_{ij} は既知の関数として扱われる．ここで，未知関数が 1 変数関数であった曲線の場合（定理 3.3）とは異なる点が現れる．(4.31) の解は無条件に存在するわけではなく，解が存在するためには「積分可能条件」がみたされることが必要となる．積分可能条件とは，解が

$$\frac{\partial^2 \xi_{k\ell}}{\partial u_1 \partial u_2} = \frac{\partial^2 \xi_{k\ell}}{\partial u_2 \partial u_1}$$

をみたさなければならないことから要請される

$$
\begin{gathered}
\frac{\partial}{\partial u_2}\left(\Gamma^1_{1j}\xi_{1\ell} + \Gamma^2_{1j}\xi_{2\ell} + \alpha_{1j}\xi_{3\ell}\right) = \frac{\partial}{\partial u_1}\left(\Gamma^1_{2j}\xi_{1\ell} + \Gamma^2_{2j}\xi_{2\ell} + \alpha_{2j}\xi_{3\ell}\right) \\
\frac{\partial}{\partial u_2}\left(h_{11}\xi_{1\ell} + h_{21}\xi_{2\ell}\right) = \frac{\partial}{\partial u_1}\left(h_{12}\xi_{1\ell} + h_{22}\xi_{2\ell}\right)
\end{gathered}
\tag{4.32}
$$

$(j = 1, 2,\ \ell = 1, 2, 3)$ という条件のことである[60]．連立偏微分方程式に関する定理によれば，この条件は解の存在に関する必要条件であると同時に十分条件でもあり，積分可能条件がみたされると解が少なくとも局所的に存在する．しかも，そのような解は，ある点で初期値を与えると一意的に定まる．実は，積分可能条件 (4.32) はガウスの方程式 (4.27)，コダッチの方程式 (4.28) と同値である[61]．したがって，定理の仮定より積分可能条件はみたされ，(u_1, u_2) の初期値 (a_1, a_2) とその点での $\xi_{k\ell}$ の初期値を与えたとき，(a_1, a_2) の近傍で (4.31) の解が一意的に存在する．

次に，(4.31) の解 $\xi_{k\ell}$ を用いて

59) 9 個の未知関数に対して 18 個の方程式が与えられている．

60) 条件式は全部で 9 個ある．

61) ⇒ 問 4.19

$$\begin{aligned}
&\frac{\partial x}{\partial u_1} = \xi_{11},\quad \frac{\partial y}{\partial u_1} = \xi_{12},\quad \frac{\partial z}{\partial u_1} = \xi_{13},\\
&\frac{\partial x}{\partial u_2} = \xi_{21},\quad \frac{\partial y}{\partial u_2} = \xi_{22},\quad \frac{\partial z}{\partial u_2} = \xi_{23}
\end{aligned} \tag{4.33}$$

をみたす $x(u_1, u_2), y(u_1, u_2), z(u_1, u_2)$ を求める．(4.33) の積分可能条件は

$$\frac{\partial^2 x}{\partial u_1 \partial u_2} = \frac{\partial^2 x}{\partial u_2 \partial u_1},\quad \frac{\partial^2 y}{\partial u_1 \partial u_2} = \frac{\partial^2 y}{\partial u_2 \partial u_1},\quad \frac{\partial^2 z}{\partial u_1 \partial u_2} = \frac{\partial^2 z}{\partial u_2 \partial u_1}$$

が成り立つために必要な

$$\frac{\partial \xi_{2\ell}}{\partial u_1} = \frac{\partial \xi_{1\ell}}{\partial u_2} \tag{4.34}$$

であるが，定理の仮定の $g_{12} = g_{21}$ より $\Gamma_{ij}^k = \Gamma_{ji}^k$ が成り立ち，g_{ij}，h_{ij} が (4.26) をみたすことから $\alpha_{12} = \alpha_{21}$ が成り立つので，(4.31) より (4.34) がみたされることがわかる．

さて，このようにして求められた $x(u_1, u_2), y(u_1, u_2), z(u_1, u_2)$ を用いて

$$\mathbf{x}(u_1, u_2) = (x(u_1, u_2), y(u_1, u_2), z(u_1, u_2))$$

によって曲面を定義するのであるが，目標としているのは第 1 基本形式，第 2 基本形式が g_{ij}, h_{ij} である曲面であるから，そうなるように初期値を適正に与える必要がある．そこで，点 $(u_1, u_2) = (a_1, a_2)$ における $\xi_{k\ell}$ の初期値を次のように与える．

$$\begin{aligned}
&\sum_{\ell=1}^{3} \xi_{i\ell}(a_1, a_2)\xi_{j\ell}(a_1, a_2) = g_{ij}(a_1, a_2) \quad (i, j = 1, 2)\\
&\sum_{\ell=1}^{3} \xi_{i\ell}(a_1, a_2)\xi_{3\ell}(a_1, a_2) = 0 \quad (i = 1, 2)\\
&\sum_{\ell=1}^{3} \xi_{3\ell}(a_1, a_2)^2 = 1
\end{aligned} \tag{4.35}$$

以下，$\xi_{k\ell}(u_1, u_2)$ はこの初期条件をみたす (4.31) の解とする．このとき，

$$\sum_{\ell=1}^{3} \xi_{i\ell}(u_1,u_2)\xi_{j\ell}(u_1,u_2) = g_{ij}(u_1,u_2) \quad (i,j=1,2)$$

$$\sum_{\ell=1}^{3} \xi_{i\ell}(u_1,u_2)\xi_{3\ell}(u_1,u_2) = 0 \quad (i=1,2) \tag{4.36}$$

$$\sum_{\ell=1}^{3} \xi_{3\ell}(u_1,u_2)^2 = 1$$

が (a_1,a_2) の近傍にある (u_1,u_2) について成り立つことを，再び連立偏微分方程式の解の一意性を用いて示す．そのため，

$$F_{k\ell}(u_1,u_2) = \sum_{m=1}^{3} \xi_{km}(u_1,u_2)\xi_{\ell m}(u_1,u_2)$$

とおく．(4.31) を用いると，$F_{k\ell}$ が次の式をみたすことがわかる[62]．

[62] ⇒ 問 4.20

$$\begin{aligned}
\frac{\partial F_{ij}}{\partial u_k} =& \Gamma^1_{ki}F_{1j} + \Gamma^2_{ki}F_{2j} + \alpha_{ki}F_{3j} \\
&+ \Gamma^1_{kj}F_{1i} + \Gamma^2_{kj}F_{2i} + \alpha_{kj}F_{3i} \\
&\qquad\qquad (i,j,k=1,2) \\
\frac{\partial F_{i3}}{\partial u_j} =& \frac{\partial F_{3i}}{\partial u_j} \\
=& \Gamma^1_{ji}F_{13} + \Gamma^2_{ji}F_{23} + \alpha_{ji}F_{33} \\
&+ h_{1j}F_{1i} + h_{2j}F_{2i} \\
&\qquad\qquad (i,j=1,2) \\
\frac{\partial F_{33}}{\partial u_i} =& 2h_{1i}F_{31} + 2h_{2i}F_{32} \quad (i=1,2)
\end{aligned} \tag{4.37}$$

さて，

$$\begin{cases} F_{ij}(u_1,u_2) = g_{ij}(u_1,u_2), \\ F_{i3}(u_1,u_2) = F_{3i}(u_1,u_2) = 0, \\ F_{33}(u_1,u_2) = 1 \end{cases}$$

は

$$\begin{cases} F_{ij}(a_1,a_2) = g_{ij}(a_1,a_2), \\ F_{i3}(a_1,a_2) = F_{3i}(a_1,a_2) = 0, \\ F_{33}(a_1,a_2) = 1 \end{cases}$$

((4.35) と同じ式) を初期値とする連立偏微分方程式 (4.37) の解であるが，解の一意性により，$F_{k\ell}$ はこれ以外のものになる可能性はない．こうして，ここで構成された曲面の第 1 基本形式が g_{ij} であることと，$(\xi_{31}, \xi_{32}, \xi_{33})$ が単位法ベクトルであることが示された．h_{ij} が第 2 基本形式であることは (4.31) よりわかる． □

問 4.19 (4.32) がガウスの方程式 (4.27)，コダッチの方程式 (4.28) と同値であることを示せ．

問 4.20 (4.37) が成り立つことを示せ．

5 ガウス曲率が一定である曲面

「曲面論の基本定理」によって，曲面は第 1 基本形式と第 2 基本形式によって決定されることがわかった．では，第 1 基本形式だけではどの程度まで曲面の形は決定されるだろうか．この問題をガウス曲率が一定である曲面を通して考える．曲面全体を広く見渡した前章に比べると，狭い視野の景色を丁寧に見る感じになるが，そこから感じとることができる面白さもあるのではないかと思う．

5.1 等長的な曲面

「曲面論の基本定理」によって，曲面の形は第1基本形式と第2基本形式によって完全に決定されることがわかった．それでは，第1基本形式だけでは曲面の形はどこまで決定されるであろうか．3次元ユークリッド空間内に2つの曲面 S と $\tilde{S}$ があり，S と $\tilde{S}$ が「同じ第1基本形式」をもっているとして，これらの曲面の第2基本形式にどれくらいの違いが起こり得るか，について考えよう．まず，「同じ第1基本形式をもつ」というのはどういうことか確認しておこう．そのため，2つの曲面の間の点ならびに接ベクトルの対応を考える．S 上の各点と $\tilde{S}$ 上の各点の間には1対1の対応があるとし，S の点 p に対応する $\tilde{S}$ の点を $\tilde{p}$ で表すことにする．$\mathbf{x}(t)$ を p を通る S 上の曲線 ($\mathbf{x}(0) = p$) とし，$\mathbf{X} = \mathbf{x}'(0)$ とおく．$\mathbf{x}(t)$ に対応する $\tilde{S}$ の点を $\tilde{\mathbf{x}}(t)$ とするとき，$\tilde{\mathbf{x}}(t)$ は $\tilde{S}$ 上の曲線となるが，その接ベクトル $\tilde{\mathbf{X}} = \tilde{\mathbf{x}}'(0)$ を「$\mathbf{X}$ に対応するベクトル」と呼ぶことにする．$\mathbf{X}$ とそれに対応する $\tilde{\mathbf{X}}$ の間に

$$|\tilde{\mathbf{X}}| = |\mathbf{X}|$$

がつねに成り立つとき，S と $\tilde{S}$ は**等長的である**，と言う．

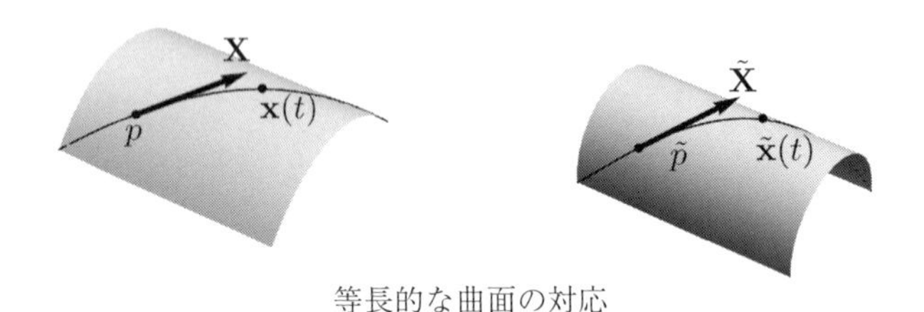

等長的な曲面の対応

$$\langle \mathbf{X}, \mathbf{Y} \rangle = \frac{1}{2}\left(|\mathbf{X} + \mathbf{Y}|^2 - |\mathbf{X}|^2 - |\mathbf{Y}|^2\right)$$

であるから，S と $\tilde{S}$ が等長的であるとき，任意の S の接ベクトル $\mathbf{X}, \mathbf{Y}$ とそれらに対応する $\tilde{S}$ の接ベクトル $\tilde{\mathbf{X}}, \tilde{\mathbf{Y}}$ について

$$\langle \tilde{\mathbf{X}}, \tilde{\mathbf{Y}} \rangle = \langle \mathbf{X}, \mathbf{Y} \rangle \tag{5.1}$$

が成り立つ．S がパラメータ u_1, u_2 を用いて表されているとき，$\mathbf{x}(u_1, u_2)$ に対応する $\tilde{S}$ の点を $\tilde{\mathbf{x}}(u_1, u_2)$ とすることによって，u_1, u_2 は $\tilde{S}$ のパラメータにもなる．このとき，$\partial\mathbf{x}/\partial u_i$ には $\partial\tilde{\mathbf{x}}/\partial u_i$ が対応するから，(5.1) より

$$\left\langle \frac{\partial\tilde{\mathbf{x}}}{\partial u_i}, \frac{\partial\tilde{\mathbf{x}}}{\partial u_j} \right\rangle = \left\langle \frac{\partial\mathbf{x}}{\partial u_i}, \frac{\partial\mathbf{x}}{\partial u_j} \right\rangle$$

が成り立つ．これを「同じ第 1 基本形式をもつ」と表現するが，それは「等長的である」ことと同じ意味である．

S と $\tilde{S}$ が等長的であるとき，S 上の曲線 $\{\mathbf{x}(t) \mid a \leq t \leq b\}$ の長さと，対応する $\tilde{S}$ 上の曲線 $\{\tilde{\mathbf{x}}(t) \mid a \leq t \leq b\}$ の長さは等しい．また，曲面のガウス曲率は定理 4.6 により第 1 基本形式によって定まるから次が成り立つ．

定理 5.1　2 つの等長的な曲面において，対応する点でのガウス曲率は等しい．

「ガウス曲率が等しい」ということはお互いの「第 2 基本形式の行列式の値が等しい」ということを意味するから，第 2 基本形式の自由度に制限を与えることになり，その結果，曲面の形の自由度を制限することとなる．S と $\tilde{S}$ が等長的であり，$p \in S$ が $\tilde{p} \in \tilde{S}$ に対応しているとき，$\{\mathbf{e}_1, \mathbf{e}_2\}$ を接平面 T_pS の正規直交基底とすると，$\mathbf{e}_1$, $\mathbf{e}_2$ にそれぞれ対応するベクトル $\tilde{\mathbf{e}}_1$, $\tilde{\mathbf{e}}_2$ は $T_{\tilde{p}}\tilde{S}$ の正規直交基底となる．A, $\tilde{A}$ を S, $\tilde{S}$ の型作用素とし，

$$a_{ij} = \langle A(\mathbf{e}_i), \mathbf{e}_j \rangle, \quad \tilde{a}_{ij} = \langle \tilde{A}(\tilde{\mathbf{e}}_i), \tilde{\mathbf{e}}_j \rangle$$

とおく[63]．このとき，一般的な性質として

$$a_{12} = a_{21}, \quad \tilde{a}_{12} = \tilde{a}_{21}$$

が成り立ち，S と $\tilde{S}$ が等長的である場合にはさらに

$$a_{11}a_{22} - a_{12}a_{21} = \tilde{a}_{11}\tilde{a}_{22} - \tilde{a}_{12}\tilde{a}_{21}$$

が成り立つ．S と $\tilde{S}$ の形の違いはこれらをみたした上での (a_{ij}) と $(\tilde{a}_{ij})$ の違いによって現れることになるが，コダッチの方程式 (4.16)

63) a_{ij} は第 4 章で h_{ij} と表していたものと同じものであるが，$a_{12} = a_{21}$ が成り立つのは $\{\mathbf{e}_1, \mathbf{e}_2\}$ が正規直交基底であるからなので（一般の基底で成り立つのは (4.26) 式），記号を変えた．

のことも忘れてはならない．次節以降では，ガウス曲率が一定である曲面を用いて，このような状況を具体的に見てみることにする．

問 5.1　$\mathbf{x}(u_1, u_2) = (\cos u_1, \sin u_1, u_2)$ によって定義される曲面 (円柱面 [64]) を S とする．このとき，S は $\tilde{\mathbf{x}}(u_1, u_2) = (u_1, u_2, 0)$ によってパラメータ表示された平面 $(z = 0)$ と等長的であることを示せ．

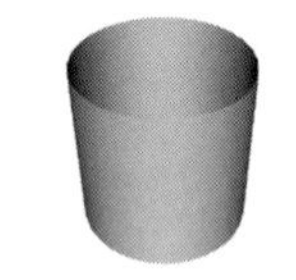

[64] 通常のパラメータ表示を与えるためには $0 \leq u_1 < 2\pi$ などのように定義域を制限する必要があるが，定義域の制限を例えば $-\infty < u_1 < \infty$ のように緩め，その代わりに「円柱に何重にも巻きついた面」を表している，と考えることもある．

5.2 ガウス曲率が 0 である曲面

S をガウス曲率がいたるところで 0 である曲面とする．S 上の点 p における接平面 T_pS の正規直交基底 $\{\mathbf{e}_1, \mathbf{e}_2\}$ について $a_{ij} = \langle A(\mathbf{e}_i), \mathbf{e}_j \rangle$ とおくと，

$$a_{11}a_{22} - a_{12}a_{21} = 0$$

$$a_{12} = a_{21}$$

が成り立つ．

例 5.1　$(x(s), y(s))$ を弧長パラメータ s によって表示された平面曲線とする．

$$\mathbf{x}(u_1, u_2) = (x(u_1), y(u_1), u_2)$$

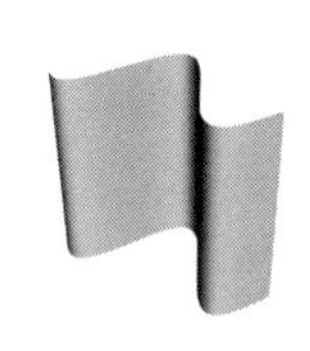

によって定義される曲面 S において，$\mathbf{e}_1 = \partial\mathbf{x}/\partial u_1$, $\mathbf{e}_2 = \partial\mathbf{x}/\partial u_2$ とすると，$\{\mathbf{e}_1, \mathbf{e}_2\}$ は正規直交基底となり，$\{\mathbf{e}_1, \mathbf{e}_2\}$ に関する第 2 基本形式を計算すると

$$a_{11} = \kappa(u_1), \quad a_{22} = 0, \quad a_{12} = a_{21} = 0$$

(κ は平面曲線 $(x(s), y(s))$ の曲率) が成り立つ．$a_{11}a_{22} - a_{12}a_{21} = 0$ であるから，S のガウス曲率はいたるところで 0 である．

問 5.2　$\mathbf{x}(u_1, u_2) = (u_1, u_2, \sqrt{u_1^2 + u_2^2})$ $(u_1^2 + u_2^2 \neq 0)$ によって定義される曲面 S のガウス曲率はいたるところ 0 であることを示せ．

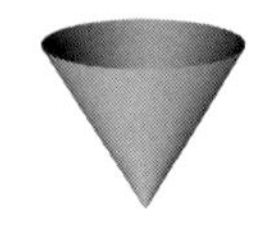

ここで，$\mathbf{e}_1$, $\mathbf{e}_2$ として主曲率ベクトルを用いるとどのような式が得られるか見てみよう．ここで得られる式は，一般の曲面について

も使うことができ，実際，次節以降の議論の中でも利用される．S の 2 つの主曲率を λ, μ とし，λ に対応する単位主曲率ベクトルを $\mathbf{e}_1$, μ に対応する単位主曲率ベクトルを $\mathbf{e}_2$ とする．$\lambda \neq \mu$ であるような S の部分では λ, μ は微分可能な関数であり，$\mathbf{e}_1$, $\mathbf{e}_2$ は微分可能なベクトル場になる．この $\{\mathbf{e}_1, \mathbf{e}_2\}$ を接平面の基底としてコダッチの方程式を書き表してみよう．そのための準備として

$$\omega_{ij}^k = \langle D_{\mathbf{e}_i}\mathbf{e}_j, \mathbf{e}_k\rangle$$

とおく．ω_{ij}^k については次が成り立つ [65]．

65) これは $\{\mathbf{e}_1, \mathbf{e}_2\}$ が正規直交基底であればいつでも（主曲率ベクトルでなくても）成り立つ．

$$\omega_{ij}^j = \langle D_{\mathbf{e}_i}\mathbf{e}_j, \mathbf{e}_j\rangle = \frac{1}{2}\mathbf{e}_i\langle \mathbf{e}_j, \mathbf{e}_j\rangle = 0$$
$$\omega_{11}^2 = \langle D_{\mathbf{e}_1}\mathbf{e}_1, \mathbf{e}_2\rangle = -\langle \mathbf{e}_1, D_{\mathbf{e}_1}\mathbf{e}_2\rangle = -\omega_{12}^1$$
$$\omega_{22}^1 = \langle D_{\mathbf{e}_2}\mathbf{e}_2, \mathbf{e}_1\rangle = -\langle \mathbf{e}_2, D_{\mathbf{e}_2}\mathbf{e}_1\rangle = -\omega_{21}^2$$

ω_{ij}^k を用いると，ガウスの方程式 (4.15) より，ガウス曲率 K は

$$K = \mathbf{e}_1(\omega_{22}^1) + \mathbf{e}_2(\omega_{11}^2) - (\omega_{11}^2)^2 - (\omega_{22}^1)^2 \tag{5.2}$$

と表される．

問 5.3 (5.2) が成り立つことを示せ．

コダッチの方程式 (4.16) で $\mathbf{X} = \mathbf{e}_1$, $\mathbf{Y} = \mathbf{Z} = \mathbf{e}_2$ とおくと，

$$\mathbf{e}_1\mu + \langle \lambda\mathbf{e}_1, D_{\mathbf{e}_2}\mathbf{e}_2\rangle - \langle \mu\mathbf{e}_2, D_{\mathbf{e}_1}\mathbf{e}_2\rangle - \langle \mu\mathbf{e}_2, [\mathbf{e}_1, \mathbf{e}_2]\rangle = 0$$

が成り立つから，これを ω_{ij}^k を用いて書き表すと，

$$\mathbf{e}_1\mu = (\mu - \lambda)\omega_{22}^1 \tag{5.3}$$

を得る．同様に (4.16) で $\mathbf{X} = \mathbf{e}_2$, $\mathbf{Y} = \mathbf{Z} = \mathbf{e}_1$ とおくことによって

$$\mathbf{e}_2\lambda = (\lambda - \mu)\omega_{11}^2 \tag{5.4}$$

が得られる．

さて，ここからはガウス曲率がいたるところで 0 である曲面について考えよう．主曲率は型作用素 A の固有値であるから，ガウス曲

率 $K = \det A$ は

$$K = \lambda\mu$$

と表される．ガウス曲率がいたるところで 0 であるような曲面 S の上では

$$\lambda\mu = 0$$

が成り立ち，λ か μ のどちらか一方は 0 である．S 上の点 p において $\lambda(p) \neq 0, \mu(p) = 0$ であるとする．U を $\lambda \neq 0, \mu = 0$ であるような p の近傍とすると，U では λ は微分可能な関数になる．また，λ に対応する単位主曲率ベクトルを $\mathbf{e}_1$，$\mu = 0$ に対応する単位主曲率ベクトルを $\mathbf{e}_2$ とすると，$\mathbf{e}_1, \mathbf{e}_2$ は U では微分可能なベクトル場となり，(5.3), (5.4) より

$$\omega_{22}^1 = 0 \tag{5.5}$$

$$\mathbf{e}_2\lambda = \lambda\,\omega_{11}^2 \tag{5.6}$$

が成り立つ．(5.6) より

$$\bar{D}_{\mathbf{e}_2}\mathbf{e}_2 = D_{\mathbf{e}_2}\mathbf{e}_2 - \langle A(\mathbf{e}_2), \mathbf{e}_2\rangle\mathbf{N} = \mathbf{0}$$

（$\mathbf{N}$ は S の単位法ベクトル）が得られるが，これより $\mathbf{e}_2$ の積分曲線（つねに $\mathbf{e}_2$ に接する S 上の曲線）は直線であることがわかる．ここまでの議論によって，U はある曲線に沿って連続的に直線を動かすことによって得られる曲面（「線織面」と呼ばれる）であることがわかる．

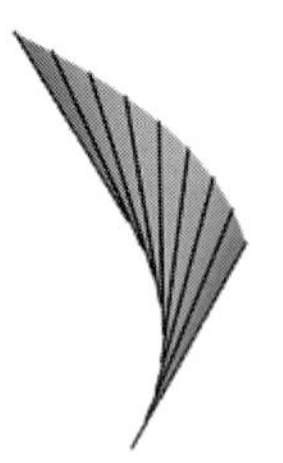

しかし，線織面の中にはガウス曲率が 0 ではないものもあり，ガウス曲率が 0 である曲面についてまだ十分な情報が得られたわけではない．

さて，ここで問 5.2 の「円錐面」をもう一度見てみよう．これは確かにガウス曲率が 0 である曲面の例であるが，頂点のところでは尖ってしまっていて，もはや「滑かな曲面」と言うことはできない．もし曲面が，滑らかなままどこまでの伸ばしていける，ということになれば円錐面のような曲面は除外され，その形はもう少し限定されたものになるだろう．「滑らかなままどこまでも伸ばしていける」ということは「完備性」という形で表現される．曲面 S が**完備な曲面**であるとは，S 上の点列 $\{p_i\}$ $(i = 1, 2, \ldots)$ が $|p_i - p_j| \to 0$ $(i, j \to \infty)$ をみたすとき[66]，$\{p_i\}$ は必ず収束して，$\lim_{i\to\infty} p_i$ もまた S の点になっていることである[67]．ユークリッド平面のようなどこまでも伸ばしていける曲面が完備な曲面であるが，閉曲面も完備な曲面である．

66) このような点列はコーシー (Cauchy) 列と呼ばれる．

67)「境界をもつ曲面」では境界に向っていく点列が境界上の点に収束することはありえるが，ここでは「S 上のどの点でも $\mathbf{R}^2$ の開集合との間に微分可能な 1 対 1 写像が存在するような近傍がとれる」ものを曲面と考えているので，境界は曲面の一部とは考えず，完備な曲面とはならない．

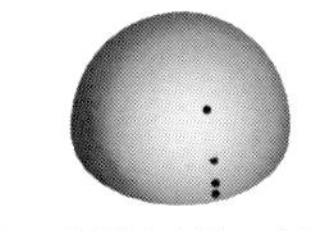
（この曲面は完備ではない．）

ガウス曲率がいたるところで 0 である完備な曲面については次の定理がある．

定理 5.2 [68] E^3 内の完備な曲面 S のガウス曲率がいたるところで 0 であるならば，S は例 5.1 の曲面に合同である．

68) Hartman–Nirenberg (1959),Massey(1962)

証明. S の主曲率を λ, μ とする．$\lambda\mu = 0$ がつねに成り立つから，$\mu = 0$ と仮定してよい．ここで，S を $S_0 = \{p \in S \mid \lambda(p) = \mu(p) = 0\}$ と $S_1 = \{p \in S \mid \lambda(p) \neq 0\}$ の 2 つの部分に分けて考える．

S_0 上では，任意の接ベクトル $\mathbf{X}$ について $\bar{D}_{\mathbf{X}}\mathbf{N} = \mathbf{0}$ が成り立つから，単位法ベクトル $\mathbf{N}$ は S_0 上で定ベクトルとなり，S_0 はユークリッド平面の一部であることがわかる．

S_1 は，上の考察によって，局所的には直線を動かすことによって得られる曲面になっていて，$\mu = 0$ に対応する主曲率ベクトル $\mathbf{e}_2$ がこれらの直線に接していることがわかっている．では，これらの直線がどのように動いて S_1 を作り上げているのか見ていこう．S_1 上では，コダッチの方程式から導かれる (5.5), (5.6) と，ガウスの方程式から導かれる (5.2) より

$$\mathbf{e}_2\left(\frac{\mathbf{e}_2\lambda}{\lambda}\right) - \left(\frac{\mathbf{e}_2\lambda}{\lambda}\right)^2 = 0 \tag{5.7}$$

が成り立つ．p_1 を S_1 内の点，$\sigma(s)$ を p_1 を通る $\mathbf{e}_2$ の S_1 内の積分曲線 ($\sigma(0) = p_1$) とし，関数 $f(s)$ を

$$f(s) = \frac{1}{\lambda(\sigma(s))} \frac{d}{ds} \lambda(\sigma(s))$$

により定義すると，(5.7) より

$$\frac{df}{ds} - f^2 = 0$$

が成り立ち，これより

$$f(s) \equiv 0 \quad \text{または} \quad f(s) = -\frac{1}{s+C} \quad (C \text{ は定数})$$

すなわち，

$$\begin{aligned} &\lambda(\sigma(s)) \equiv \lambda(p_1) \quad \text{または} \\ &\lambda(\sigma(s)) = \frac{D}{s+C} \quad (C, D \text{ は定数，} D \neq 0) \end{aligned} \tag{5.8}$$

であることがわかる．(5.8) よりわかることは，S_1 内で σ に沿って動く限り，$\lambda = 0$ となって，S_0 と出会うことは決してなく，σ 全体が S_1 内にある，ということである．(5.8) の第 2 の場合が起こると，$s = -C$ となる点で λ が定義されないことになるが，S は完備な曲面であると仮定しているから，直線である $\sigma(s)$ はすべての s に対して定義されるはずであり，矛盾が起こる．したがって，S_1 内では $\mathbf{e}_2$ の各積分曲線は無限遠まで伸びた直線で，それに沿って λ の値は一定である．次に，p_1 を通る $\mathbf{e}_1$ の積分曲線 $\tau(t)$ を考える．

$$\begin{aligned} \bar{D}_{\mathbf{e}_1} \mathbf{e}_2 &= \omega_{12}^1 \mathbf{e}_1 - \langle A(\mathbf{e}_1), \mathbf{e}_2 \rangle \mathbf{N} \\ &= -\frac{\mathbf{e}_2 \lambda}{\lambda} \mathbf{e}_1 \\ &= \mathbf{0} \end{aligned}$$

であるから，τ は平面曲線であり，$\mathbf{e}_2$ の各積分曲線はその平面の法方向の直線であることがわかる．以上の考察により，S_1 の各連結成分は平面曲線上の柱面（例 5.1 の曲面）である．一方，S_0 の連結成分はすべて平面の一部である．ひとつの S_0 の連結成分をはさんだ 2 つの S_1 の連結成分 S_1^1, S_1^2 の直線方向は平行である．さもなければ S_1^1 上の直線と S_1^2 上の直線が交差することになるが，そのようなことは起こり得ない．したがって，S 全体がひとつの平面曲線上の柱面となる． □

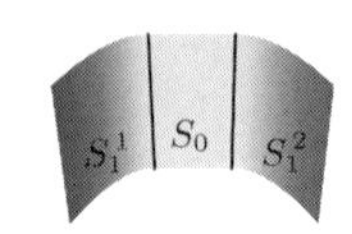

以上の考察で得られた結果をまとめると次のようになる．

- ガウス曲率は第1基本形式のみから定まる量であるが，ガウスの方程式，コダッチの方程式を通して，第2基本形式に影響を及ぼし，それを調べることによって曲面の局所的な形に関する情報が得られる．
- 曲面に関して完備性のような「大域的」な条件があると，曲面の形はさらに絞り込まれる．

5.3 ガウス曲率が正の定数である曲面

ユークリッド空間内の球面はガウス曲率が一定である曲面の代表的な例である（問 4.4）．しかし，次の問にあるように，球面以外にもガウス曲率が正で一定である曲面は存在する．

問 5.4 a を 1 より小さい正の定数とするとき，$(x(t), z(t)) = \left(\int_0^t \sqrt{1-a^2\sin^2 u}\,du, a\cos t\right)$ として，$\mathbf{x}(t,\theta) = (x(t), z(t)\cos\theta, z(t)\sin\theta)$ によって定義される回転面のガウス曲率はいたるところで 1 であることを示せ．

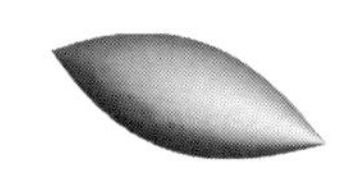

ガウス曲率が正で一定というだけでは曲面の形が球面であると断定することはできないが，もしその曲面が滑らかな閉曲面であるならば，その曲面は球面に合同であることが次の定理によってわかる．この定理も，定理 5.2 同様，曲面の大域的な性質に関する定理と言うことができる．

定理 5.3 [69]　E^3 内の閉曲面でガウス曲率が正で一定であるものは球面に合同である．

69) Hilbert(1901).

この定理の証明のため，別の定理をひとつ用意しよう．球面では 2 つの主曲率は等しくなり，すべての接ベクトルは主曲率ベクトルとなる（問 4.4）．次の定理はその逆が成り立つことを述べたものであり，球面を特徴づける定理として頻繁に利用されている．これは，小さな曲面片についても成り立つ局所的な定理である．

定理 5.4　E^3 内の曲面 S のすべての点で 2 つの主曲率が等しい[70]

70) このような点は臍点（せいてん）と呼ばれる．

とき，S は球面か平面の一部である．

証明. S 上の各点で 2 つの主曲率が一致するから，S 上の関数 λ が存在して，$p \in S$ における任意の接ベクトル $\mathbf{X}$ に対して，

$$A\mathbf{X} = \lambda(p)\mathbf{X} \tag{5.9}$$

が成り立つ．この λ が S 上で定数になってしまうことを以下で示す．(5.9) をコダッチの方程式 (4.16) へ代入すると，任意の接ベクトル $\mathbf{X}, \mathbf{Y}, \mathbf{Z}$ に対して

$$\begin{aligned}&\mathbf{X}\langle \lambda\mathbf{Y}, \mathbf{Z}\rangle - \mathbf{Y}\langle \lambda\mathbf{X}, \mathbf{Z}\rangle \\ &\quad + \langle \lambda\mathbf{X}, D_{\mathbf{Y}}\mathbf{Z}\rangle - \langle \lambda\mathbf{Y}, D_{\mathbf{X}}\mathbf{Z}\rangle - \langle \lambda\mathbf{Z}, [\mathbf{X}, \mathbf{Y}]\rangle = 0\end{aligned}$$

を得る．計算によってこの式は次のように簡単になる[71)]．

$$\langle \mathbf{Y}, \mathbf{Z}\rangle \mathbf{X}\lambda - \langle \mathbf{X}, \mathbf{Z}\rangle \mathbf{Y}\lambda = 0$$

$\mathbf{X}, \mathbf{Y}, \mathbf{Z}$ は任意の接ベクトルであるから，任意の接ベクトル $\mathbf{X}$ に対して

$$\mathbf{X}\lambda = 0$$

が成り立たなければならないことがわかる．したがって，λ は S 上の定数関数である．$\lambda \neq 0$ のとき，$\lambda \equiv 1/R$ とおく．$\mathbf{N}$ を $\mathbf{x} \in S$ における単位法ベクトルとして，$\mathbf{z} = \mathbf{x} - R\mathbf{N}$ とおくと，任意の S の接ベクトル $\mathbf{X}$ に対して

$$\bar{D}_{\mathbf{X}}\mathbf{z} = \mathbf{X} - R\,A(\mathbf{X}) = \mathbf{0}$$

が成り立ち，$\mathbf{z}$ が定ベクトルであることがわかる．$|\mathbf{x} - \mathbf{z}| = R$ であるから，S は半径 R の球面の一部である．$\lambda \equiv 0$ であるとき，$\mathbf{N}$ は定ベクトルとなり，S は平面の一部である．□

71) 型作用素 A の固有値である主曲率は孤立した臍点では微分できない可能性があるが，すべての点が臍点であるここでの状況では λ は微分可能な関数になる．

定理 5.3 の証明. 定理 5.4 の用意ができているので，2 つの主曲率が等しくなることを示せばよい．S のガウス曲率が $c > 0$ で一定であるとする．S の 2 つの主曲率を λ, μ とすると，λ, μ は S 上の連続関数であり，$\lambda \neq \mu$ となる点では微分可能で，仮定より

$$\lambda\mu = c$$

をみたす．λ, μ に対応する単位主曲率ベクトルを $\mathbf{e}_1, \mathbf{e}_2$ とする．コダッチの方程式から導かれる (5.3), (5.4) と，ガウスの方程式から導かれる (5.2) より

$$
\begin{aligned}
K =& -\mathbf{e}_1\left(\frac{\mathbf{e}_1\mu}{\lambda-\mu}\right)+\mathbf{e}_2\left(\frac{\mathbf{e}_2\lambda}{\lambda-\mu}\right)-\left(\frac{\mathbf{e}_2\lambda}{\lambda-\mu}\right)^2-\left(\frac{\mathbf{e}_1\mu}{\lambda-\mu}\right)^2 \\
=&(\lambda-\mu)^{-2}\{-\mathbf{e}_1\mathbf{e}_1\mu+\mathbf{e}_2\mathbf{e}_2\lambda+(\mathbf{e}_1\lambda)(\mathbf{e}_1\mu)+(\mathbf{e}_2\lambda)(\mathbf{e}_2\mu) \\
&-2(\mathbf{e}_1\mu)^2-2(\mathbf{e}_2\lambda)^2\}
\end{aligned}
\tag{5.10}
$$

が成り立つ．さて，S は滑らかな閉曲面であると仮定しているから，連続関数である λ の値が最大となる点が必ず S 上に存在する．この点を p_0 とする[72]．$\lambda\mu = c$ であるから，μ は p_0 において最小となる．ここで，p_0 で $\lambda \neq \mu$ と仮定すると p_0 において

$$\mathbf{e}_1\lambda = \mathbf{e}_1\mu = \mathbf{e}_2\lambda = \mathbf{e}_2\mu = 0$$

かつ

$$\mathbf{e}_1\mathbf{e}_1\mu \geq 0, \qquad \mathbf{e}_2\mathbf{e}_2\lambda \leq 0$$

となるから (5.10) の右辺は負または 0 となり，$K > 0$ に矛盾する．したがって，$\lambda(p_0) = \mu(p_0)$ である．S 上の任意の点 p で

$$\mu(p_0) \leq \mu(p) \leq \lambda(p) \leq \lambda(p_0)$$

であるから，S 上全体で $\lambda = \mu$ となる．よって，定理 5.4 より S は球面となる． □

[72] 問 5.4 の曲面では λ が最大となるのは端にある点であるが，この点では曲面が尖っているため，微分を用いた議論をすることができない．S の大域的な特徴を生かしているのはまさにこの部分である．

5.4 ガウス曲率が負の定数である曲面

E^3 内の曲面でガウス曲率が負で一定であるものについて考える．問 4.6 ではそのような曲面の回転面による例を挙げたが，この曲面は完備な曲面ではない．実は，あとで説明するが，ガウス曲率が負で一定であるような完備な曲面は E^3 内には存在しない．しかし，まずはそのような曲面の局所的な性質について調べてみよう．ガウス曲率が c $(c < 0)$ で一定である曲面 S は，相似拡大（または縮小）することによってガウス曲率が -1 である曲面にすることができる

から，はじめから，S のガウス曲率は -1 で一定である，として話を進める．S の主曲率を λ, μ とすると，

$$\lambda\mu = -1$$

が成り立つから，

$$\mu = -\frac{1}{\lambda}$$

となる（$\lambda > 0$ とする）．λ に対応する単位主曲率ベクトルを $\mathbf{e}_1$，$\mu = -1/\lambda$ に対応する単位主曲率ベクトルを $\mathbf{e}_2$ とすると，(5.3)，(5.4) より

$$\begin{aligned} \mathbf{e}_1\lambda &= -\lambda(\lambda^2+1)\,\omega_{22}^1 \\ \mathbf{e}_2\lambda &= \frac{1}{\lambda}(\lambda^2+1)\,\omega_{11}^2 \end{aligned} \tag{5.11}$$

を得る．ここで，$\lambda = \tan\theta$ $(0 < \theta < \frac{\pi}{2})$ とおいて (5.11) を書き直すと

$$\begin{aligned} \mathbf{e}_1\theta &= -\tan\theta\,\omega_{22}^1 \\ \mathbf{e}_2\theta &= \cot\theta\,\omega_{11}^2 \end{aligned} \tag{5.12}$$

とやや簡単な形になる．単位接ベクトル $\mathbf{X}_1, \mathbf{X}_2$ を

$$\mathbf{X}_1 = \cos\theta\,\mathbf{e}_1 + \sin\theta\,\mathbf{e}_2$$

$$\mathbf{X}_2 = \cos\theta\,\mathbf{e}_1 - \sin\theta\,\mathbf{e}_2$$

により定義すると，(5.12) を用いて

$$[\mathbf{X}_1, \mathbf{X}_2] = \mathbf{0} \tag{5.13}$$

を示すことができる．

問 5.5 (5.13) が成り立つことを示せ．

また，$\mathbf{X}_1, \mathbf{X}_2$ は次の性質ももつ[73]．

$$\begin{aligned} \langle A(\mathbf{X}_1), \mathbf{X}_1\rangle &= 0 \\ \langle A(\mathbf{X}_2), \mathbf{X}_2\rangle &= 0 \end{aligned} \tag{5.14}$$

73) (5.14) の性質をもつ接ベクトルは漸近ベクトル (asymptotic vector) と呼ばれる．

(5.13)，(5.14) のような性質をもつベクトル場が存在することは，ガウス曲率が負で一定である曲面の一つの特徴である．ここまでの議

論では，これらのベクトル場について局所的にしか考えていないが，完備な曲面については大域的に考えることになる．その結果，次の定理が導かれる．

定理 5.5 [74]　E^3 内の完備な曲面でガウス曲率が負で一定であるものは存在しない．

74) Hilbert(1901).

証明については，概略ではあるが第 8 章で解説する．その前に，第 6 章で曲面の第 1 基本形式だけを用いて展開する「内在的な幾何」について考え，少し準備をしておこう．

6 リーマン多様体としての曲面

ユークリッド空間内の曲面の形は第 1 基本形式と第 2 基本形式によって決定される．この章では，曲面の曲がり方を，曲面から離れたところから曲面を見て調べるのではなく，曲面の上を動くことだけで得られる情報をもとに調べる方法を考える．これは第 1 基本形式だけを使って曲面の形を調べることに相当する．ここから，多様体への道を少しずつ歩いていくことになる．

6.1 抽象的な曲面

ユークリッド空間内にある曲面については，その上の点の位置をユークリッド空間の座標を用いて，$\mathbf{x}(u_1, u_2) = (x(u_1, u_2), y(u_2, u_2), z(u_1, u_2))$ のように，それぞれの座標を 2 つの変数 $(u_1,\ u_2)$ を用いて表した．しかしこの章では，曲面がユークリッド空間内にあることを前提としないで議論を進めようとしているので，まず，曲面あるいは曲面上の点をどのように表すか，を考える必要がある．ユークリッド空間内にあるということを前提としない曲面を「**抽象的な曲面**」と呼ぶことにしよう．

まず，これから徐々に定義されていく「抽象的な曲面」を S で表そう．S は集合であり，S の要素は 2 つの実数の組で「表されている」．「表されている」というのは $\mathbf{R}^2 = \{(u_1, u_2) \mid u_1, u_2 \in \mathbf{R}\}$ の部分集合 U から S への全単射がある，ということである．しかしこれでは，我々のイメージしている曲面を表すのには十分ではない．まず，U を単に「部分集合」と言うだけではどんな集合でもよいことになってしまう．そこで U は $\mathbf{R}^2$ の「開集合である」ということにする．また，対応する S の側も「開集合」「閉集合」が考えられるような集合であること，すなわち位相空間であるとしよう．このような設定のもと，上で述べた全単射は単なる全単射ではなく「連続な全単射」（位相同型写像）であるとする．さて，上では「U から S への全単射」と述べたが，例えば S が球面の場合を考えると，$\mathbf{R}^2$ の開集合から S への連続な全単射は存在しないから，これは不都合である．そこで，S 全体を単独の $\mathbf{R}^2$ の開集合と対応させるのではなく，部分的に対応させ，S 全体はその集合体として見る[75]，という方法をとることにする．これを具体的に表してみよう．

75) 例 4.1 で見た考え方である．

(I) S は位相空間である．

(II) S の開集合 $S_1, \ldots, S_m$ で次の性質をみたすものが存在する[76]．

- $S = \bigcup_{i=1}^{m} S_i$
- 各 S_i と $\mathbf{R}^2$ のある開集合 U_i の間に連続な全単射が存在する．

76) $m = \infty$ ということもあり得る．

$(u_1, u_2) \in U_i$ とし，(u_1, u_2) と対応する S_i の点を $x(u_1, u_2)$ と表すことにする[77]．もし $S_i \cap S_j \neq \emptyset$ ならば，$S_i \cap S_j$ の点に対しては U_i との対応による表示 $x(u_1, u_2)$ と U_j との対応による表示 $y(v_1, v_2)$ の 2 通りの表示があることになる．(u_1, u_2) を曲面 S の**局所座標**と言う．

77) ここでは S をユークリッド空間内にあるとは考えていないので，$\mathbf{x}(u_1, u_2)$ のようにベクトルを使って表していないが，もし S がユークリッド空間内にあるならば，$x(u_1, u_2)$ は $\mathbf{x}(u_1, u_2)$ に対応する．

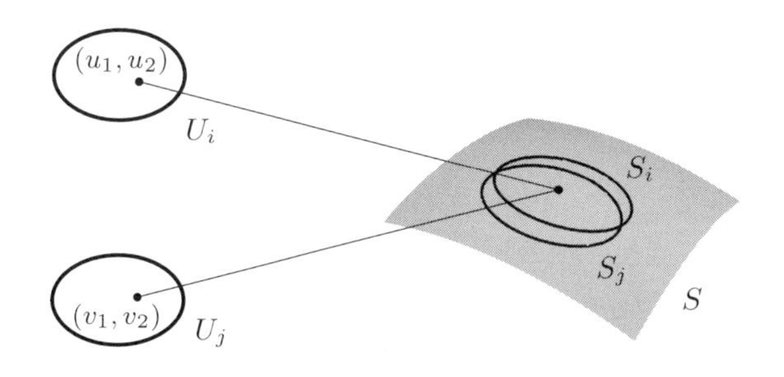

次に，S 上で定義された関数の「微分」について考えてみよう．微分を考えるには S 全体で定義されている必要はないので，その関数は S のある開集合内で定義されていれば十分である．f を S_i で定義された実数値関数とする．f は局所座標を用いて $f(u_1, u_2)$ という 2 変数関数として表すことができる．ここで f が偏微分可能であると仮定する．次に，S 上の曲線に沿う f の変化について考える．ここで曲線とは，実数の開区間から S への連続な写像のことである．$x(t)$ を S 上の曲線とし，$x(t)$ に対応する局所座標を $(u_1(t), u_2(t))$ とする．$(u_1(t), u_2(t))$ は U_i 内の曲線を定義するが，ここで，$u_1(t)$, $u_2(t)$ は微分可能であると仮定する．$(u_1(t), u_2(t))$ と $f(u_1, u_2)$ の合成関数 $f(u_1(t), u_2(t))$ は t を変数とする 1 変数関数であるが，偏導関数 $\partial f/\partial u_1$, $\partial f/\partial u_2$ が連続であるならば次の式が成り立つ．

$$\frac{d}{dt} f(u_1(t), u_2(t)) = \frac{du_1}{dt}\frac{\partial f}{\partial u_1} + \frac{du_2}{dt}\frac{\partial f}{\partial u_2} \tag{6.1}$$

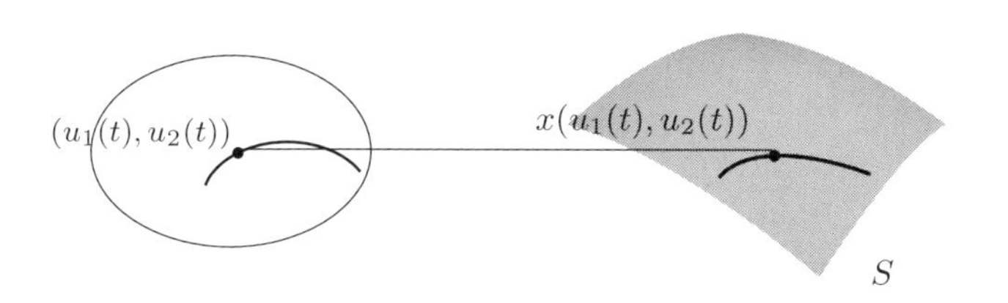

次に，抽象的な曲面の接ベクトルについて考える．曲面がユークリッド空間内にあるときには，接ベクトルは位置ベクトルの微分を用いて $\mathbf{X} = \xi_1 \frac{\partial \mathbf{x}}{\partial u_1} + \xi_2 \frac{\partial \mathbf{x}}{\partial u_2}$ のように与えられたが，抽象的な曲面では位置ベクトルを使うことができないので，同じようにして接ベクトルを定義することはできない．しかし，ユークリッド空間内の曲面では，点 p における接ベクトル $\mathbf{X}$ の方向の方向微分

$$\mathbf{X}f = \xi_1 \frac{\partial f}{\partial u_1}(p) + \xi_2 \frac{\partial f}{\partial u_2}(p)$$

を考えることにより，接ベクトル $\xi_1 \frac{\partial \mathbf{x}}{\partial u_1} + \xi_2 \frac{\partial \mathbf{x}}{\partial u_2}$ を $\xi_1 \frac{\partial}{\partial u_1} + \xi_2 \frac{\partial}{\partial u_2}$ という微分作用素として見ることができた点に注目すると，抽象的な曲面の接ベクトルを定義する手がかりが得られる．方向微分については，$(u_1(0), u_2(0)) = (u_1(p), u_2(p))$，$\left(\frac{du_1}{dt}(0), \frac{du_2}{dt}(0)\right) = (\xi_1, \xi_2)$ をみたす (u_1, u_2) 平面内の曲線 $(u_1(t), u_2(t))$ をとると，

$$\frac{d}{dt} f(u_1(t), u_2(t))\bigg|_{t=0} = \mathbf{X}f$$

が成り立つが，この左辺は (6.1) にあるように，抽象的な曲面でも定義することができる量である．以上をまとめると次のようになる．

抽象的な曲面 S 上では，微分作用素

$$\xi_1 \frac{\partial}{\partial u_1} + \xi_2 \frac{\partial}{\partial u_2}$$

を**接ベクトル**と呼ぶ．S 上の点 p のまわりで与えられている局所座標を (u_1, u_2) とするとき，$(u_1(0), u_2(0)) = (u_1(p), u_2(p))$，$\left(\frac{du_1}{dt}(0), \frac{du_2}{dt}(0)\right) = (\xi_1, \xi_2)$ をみたす (u_1, u_2) 平面内の曲線 $(u_1(t), u_2(t))$ をとると，(6.1) より

$$\frac{d}{dt} f(u_1(t), u_2(t))\bigg|_{t=0} = \left(\xi_1 \frac{\partial}{\partial u_1} + \xi_2 \frac{\partial}{\partial u_2}\right) f$$

が成り立つ．左辺の値は，$(u_1(0), u_2(0)) = (u_1(p), u_2(p))$，$\left(\frac{du_1}{dt}(0), \frac{du_2}{dt}(0)\right) = (\xi_1, \xi_2)$ をみたすならば，$(u_1(t), u_2(t))$ の選び方によらない．

$$\frac{du_1}{dt} \frac{\partial}{\partial u_1} + \frac{du_2}{dt} \frac{\partial}{\partial u_2}$$

を S 上の曲線 $x(t)$ の接ベクトルと言い，$\frac{dx}{dt}$ で表す．

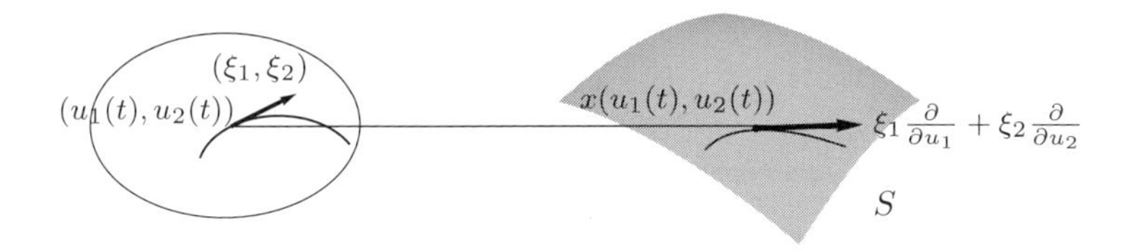

S は抽象的な曲面であるから，実際には接ベクトルがこのように視覚化できるわけではない．この図は，S が E^3 の中にある場合の図をもとにした「イメージ図」として見てほしい．

接ベクトルの定義にあたって，$S_i \cap S_j$ においては注意が必要である．$S_i \cap S_j$ の点に対しては，S_i 上の局所座標系 (u_1, u_2) と S_j 上の局所座標系 (v_1, v_2) の 2 通りの局所座標系が与えられる．$S_i \cap S_j$ の点に対応する $(u_1, u_2) \in U_i$ の集合を U_i', $(v_1, v_2) \in U_j$ の集合を U_j' とする．U_i' の (u_1, u_2) と U_j' の (v_1, v_2) の間には 1 対 1 の対応があり，v_1, v_2 はそれぞれ u_1, u_2 の関数である[78]．このとき，S は (I), (II) に加えて次の条件をみたすこととしよう．

78) 「座標変換」ということである．

(III) $S_i \cap S_j \neq \emptyset$ であるすべての i, j について，$v_1(u_1, u_2)$, $v_2(u_1, u_2)$ は微分可能である．

f を S 上で定義された関数とする．$S_i \cap S_j$ 上では，f は局所座標系 (u_1, u_2) を用いれば $f(u_1, u_2)$ と表され，(v_1, v_2) を用いれば $f(v_1, v_2)$ と表される．このとき，次の式が成り立つ．

$$
\begin{aligned}
\frac{\partial f}{\partial u_1} &= \frac{\partial f}{\partial v_1}\frac{\partial v_1}{\partial u_1} + \frac{\partial f}{\partial v_2}\frac{\partial v_2}{\partial u_1} \\
\frac{\partial f}{\partial u_2} &= \frac{\partial f}{\partial v_1}\frac{\partial v_1}{\partial u_2} + \frac{\partial f}{\partial v_2}\frac{\partial v_2}{\partial u_2}
\end{aligned}
\tag{6.2}
$$

(6.2) は接ベクトルについて次の式が成り立つことを意味する．

$$
\begin{aligned}
\frac{\partial}{\partial u_1} &= \frac{\partial v_1}{\partial u_1}\frac{\partial}{\partial v_1} + \frac{\partial v_2}{\partial u_1}\frac{\partial}{\partial v_2} \\
\frac{\partial}{\partial u_2} &= \frac{\partial v_1}{\partial u_2}\frac{\partial}{\partial v_1} + \frac{\partial v_2}{\partial u_2}\frac{\partial}{\partial v_2}
\end{aligned}
\tag{6.3}
$$

S の点 p における接ベクトル全体の集合を T_pS と表すことにすると，T_pS は 2 次元のベクトル空間となる．$p \in S_i \cap S_j$ であるとき，$\{\partial/\partial u_1, \partial/\partial u_2\}$, $\{\partial/\partial v_1, \partial/\partial v_2\}$ はともに T_pS の基底となるが，

(6.3) はそれらの基底の間の変換を表す式になっている．例 4.1 で見たように，曲面全体を覆うには複数の局所座標が必要なことが多く，曲面の上を動くときには一つの局所座標から他の局所座標へ「乗り換え」なければならないことも多い．

局所座標を通して各点と $\mathbf{R}^n$ の点の間の対応が考えられるような点の集合を n 次元 **多様体**と言う．異なる局所座標が重なって与えられる部分での「座標変換」が連続写像であるとき**位相多様体**と言い，微分可能写像であるとき**微分可能多様体**と言う．ここで「抽象的な曲面」と呼んでいるのは 2 次元微分可能多様体のことである．

6.2 リーマン計量

曲面の幾何学を展開する上で「距離」は最も基本的な量である．ユークリッド空間内，あるいはユークリッド空間内の曲面の上で 2 点 p, q の間の距離を測り，それを $d(p,q)$ で表すことにすると，$d(p,q)$ について次の (1)〜(4) が成り立つ．

(1) $d(p,q) \geq 0$
(2) $d(p,p) = 0$, 逆に $d(p,q) = 0$ ならば $p = q$
(3) $d(p,q) = d(q,p)$
(4) $d(p_1,p_3) \leq d(p_1,p_2) + d(p_2,p_3)$

抽象的な曲面 S の上において，$S \times S$ から $\mathbf{R}$ への写像 d で上の性質 (1)〜(4) をみたすものが定義されているとき，「S に距離 d が与えられている」と言う．

S に距離が与えられているとき，S 上の曲線 $x(t)$ $(a \leq t \leq b)$ の「長さ」が次のように定義される．

$$t_0 = a < t_1 < t_2 < \cdots < t_{N-1} < t_N = b$$

を区間 $[a,b]$ の分割とする．分割は $N \to \infty$ のとき

$$N\left(\max_{1\leq i\leq N} d(x(t_{i-1}), x(t_i)) - \min_{1\leq i\leq N} d(x(t_{i-1}), x(t_i))\right) \to 0$$

となるようにとることにする[79]．このとき，

[79] 例えば，すべての i について $d(t_i, t_{i+1})$ が等しくなるような分割をとればよい．そのような分割は常に作ることができる．

$$\sum_{i=1}^{N} d(x(t_{i-1}), x(t_i))$$

は，$N \to \infty$ のとき，分割のしかたによらず一定の値に近づくが，この極限値を曲線 $x(t)$ の**長さ**と呼ぶ．

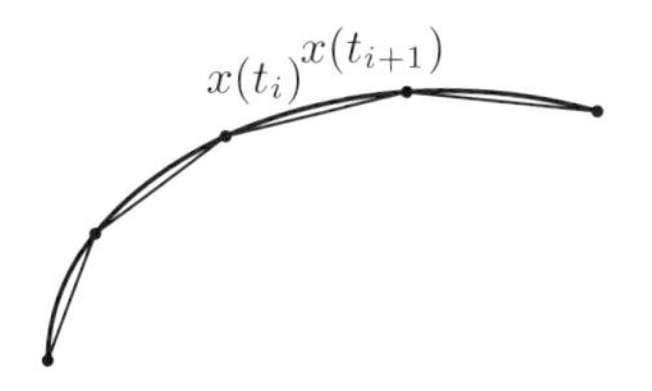

抽象的な曲面を図示することはできないので，これはユークリッド平面に例えた単なる「イメージ図」である．ユークリッド平面では $\sum_{i=1}^{N} d(x(t_i), x(t_{i+1}))$ は図の折れ線の長さになる．

さて，微小な h について，$x(t)$ と $x(t+h)$ の間の曲線の長さを $L(t,h)$ として，極限値

$$\lim_{h \to 0} \frac{L(t,h)}{h}$$

を考えよう．曲線の長さの定義より，この極限値は

$$\lim_{h \to 0} \frac{d(x(t), x(t+h))}{h} \tag{6.4}$$

に等しい．この値によって曲線 $x(t)$ の接ベクトル $\frac{dx}{dt}$ の大きさ

$$\left| \frac{dx}{dt} \right|$$

を定義する[80]．

80) ユークリッド空間内の曲線については接ベクトルの大きさは確かに (6.4) によって与えられる．

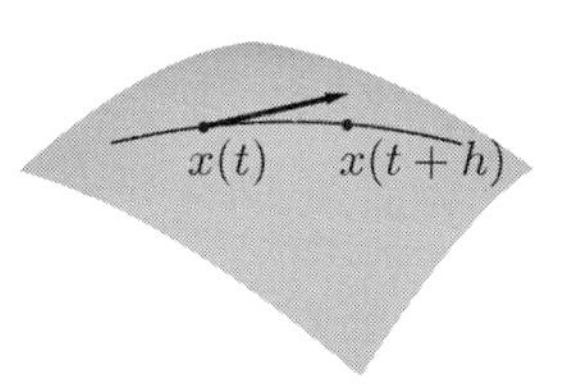

E^3 内の曲面の場合

曲線が局所座標 (u_1, u_2) を用いて $(u_1(t), u_2(t))$ と表されると

き，$\frac{dx}{dt}=\frac{du_1}{dt}\frac{\partial}{\partial u_1}+\frac{du_2}{dt}\frac{\partial}{\partial u_2}$ となるが，とくに曲線が $(u_1,u_2)=(t+c_1,c_2)$ (c_1,c_2 は定数) で表されるとき，その接ベクトルは $\frac{\partial}{\partial u_1}$ であるから，(6.4) によって

$$\left|\frac{\partial}{\partial u_1}\right|$$

が定義される．同様に $\left|\frac{\partial}{\partial u_2}\right|$ が定義される．また，$(u_1,u_2)=(t+c_1,t+c_2)$ (c_1,c_2 は定数) で表される曲線の接ベクトルは $\frac{\partial}{\partial u_1}+\frac{\partial}{\partial u_2}$ であるから，これを用いて

$$\left|\frac{\partial}{\partial u_1}+\frac{\partial}{\partial u_2}\right|$$

が定義される．

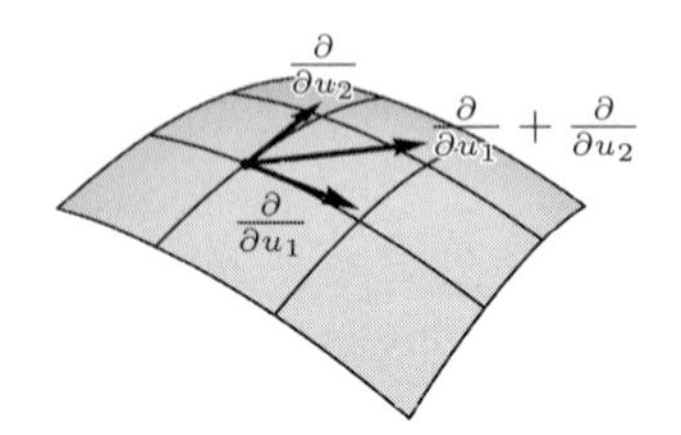

E^3 内の曲面の場合

さて，ベクトルに大きさを定義することができると，それを用いて内積を定義することができる．まず，

$$\begin{aligned}\left\langle\frac{\partial}{\partial u_1},\frac{\partial}{\partial u_2}\right\rangle&=\left\langle\frac{\partial}{\partial u_2},\frac{\partial}{\partial u_1}\right\rangle\\&=\frac{1}{2}\left(\left|\frac{\partial}{\partial u_1}+\frac{\partial}{\partial u_2}\right|^2-\left|\frac{\partial}{\partial u_1}\right|^2-\left|\frac{\partial}{\partial u_2}\right|^2\right)\end{aligned}\tag{6.5}$$

によって，$\partial/\partial u_1$ と $\partial/\partial u_2$ の内積が定義され，さらに，任意の接ベクトル $X=\xi_1\frac{\partial}{\partial u_1}+\xi_2\frac{\partial}{\partial u_2}$，$Y=\eta_1\frac{\partial}{\partial u_1}+\eta_2\frac{\partial}{\partial u_2}$ に対して

$$\begin{aligned}\langle X,Y\rangle=&\xi_1\eta_1\left\langle\frac{\partial}{\partial u_1},\frac{\partial}{\partial u_1}\right\rangle+(\xi_1\eta_2+\xi_2\eta_1)\left\langle\frac{\partial}{\partial u_1},\frac{\partial}{\partial u_2}\right\rangle\\&+\xi_2\eta_2\left\langle\frac{\partial}{\partial u_2},\frac{\partial}{\partial u_2}\right\rangle\end{aligned}\tag{6.6}$$

によって，内積が定義される．

このようにして，抽象的な曲面に「距離」が与えられていると，曲面の各点における接ベクトルの作る 2 次元のベクトル空間に内積が定義されることがわかった．この内積を **リーマン計量**[81] と呼ぶ．リーマン計量の与えられた微分可能多様体を **リーマン多様体** と呼ぶ[82]．

[81] Bernhard Riemann (1826–1866).

[82] リーマン多様体の解説書では，はじめに多様体の接空間に内積を与え，それを用いて 2 点間の距離を定義することのほうが多い．

さて，

$$g_{ij} = \left\langle \frac{\partial}{\partial u_i}, \frac{\partial}{\partial u_j} \right\rangle \qquad (i, j = 1, 2)$$

とおくと，g_{ij} は S 上の関数（あるいは u_1, u_2 の関数）となり，(6.6) は次のように表される．

$$\langle X, Y \rangle = \xi_1 \eta_1\, g_{11} + (\xi_1 \eta_2 + \xi_2 \eta_1)\, g_{12} + \xi_2 \eta_2\, g_{22} \tag{6.7}$$

リーマン計量とは，局所座標 (u_1, u_2) が与えられている曲面上では，

$$g_{11}(u_1, u_2) > 0, \quad g_{22}(u_1, u_2) > 0, \quad g_{12}(u_1, u_2) = g_{21}(u_1, u_2)$$

をみたす関数の組 $\{g_{11}, g_{12}, g_{21}, g_{22}\}$ のことである，とも言える．

6.3 曲線の長さ

抽象的な曲面 S 上の曲線 $C : \{x(t) \mid a \leq t \leq b\}$ の長さを考えよう．区間 $[a, b]$ の分割 $a = t_0 < t_1 < \cdots < t_{N-1} \leq t_N = b$ を適当にとると，C の長さ L は

$$L = \lim_{N \to \infty} \sum_{i=1}^{N} d(x(t_{i-1}), x(t_i))$$

によって定義されるが，接ベクトルの大きさを用いると

$$L = \int_a^b \left| \frac{dx}{dt} \right| dt$$

と表すことができる．C が局所座標を用いて $(u_1(t), u_2(t))$ と表されているときには

$$\frac{dx}{dt} = \frac{du_1}{dt} \frac{\partial}{\partial u_1} + \frac{du_2}{dt} \frac{\partial}{\partial u_2}$$

であるから,

$$L = \int_a^b \sqrt{\left(\frac{du_1}{dt}\right)^2 g_{11} + 2\frac{du_1}{dt}\frac{du_2}{dt}g_{12} + \left(\frac{du_2}{dt}\right)^2 g_{22}}\, dt \quad (6.8)$$

と表される.

C 上のある点 p を基点として p から測った C の長さを C のパラメータとして用いることができる. まず C に対して向きを定め, その方に向かって動いて p からの C の長さが t である C 上の点を $x(t)$ で表す. 反対方向に動く場合は $t < 0$ を対応させ, p から $x(t)$ $(t < 0)$ までの C の長さは $|t|$ であるとする. このようなパラメータを **弧長パラメータ** と言う. t が弧長パラメータであるとき

$$\left|\frac{dx}{dt}\right| = 1$$

がつねに成り立つ[83].

83) これまでは弧長パラメータを s で表すことが多かったが, ここでは t を使って話を進める. このあと出てくるが s は他のものを表すのに使われる.

さて, S 上の 2 点 p, q が与えられたとき, p と q を結ぶ曲線でその長さがちょうど p と q の間の距離になっているようなものの特徴について考えてみよう. 距離に関する性質 $d(p_1, p_3) \leq d(p_1, p_2) + d(p_2, p_3)$ より

$$d(p, q) = d(x(t_0), x(t_N)) \leq \sum_{i=1}^{N} d(x(t_{i-1}), x(t_i)) \qquad (6.9)$$

となるから, そのような曲線は p と q を結ぶ曲線の中で長さが最小である.

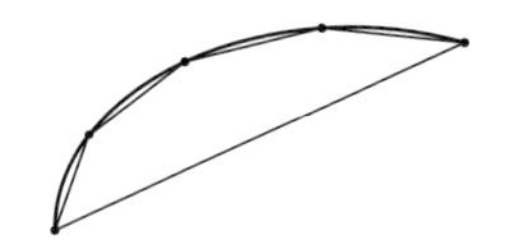

E^2 内の曲線をもとにした (6.9) のイメージ図

まず $d = d(p, q)$ とおき, C を p と q を結ぶ長さが d の曲線とする. C を弧長パラメータ t を用いて $x(t)$ $(0 \leq t \leq d)$ と表す. 次に, p, q を結ぶ他の曲線の長さと C の長さを比較してみる. そこで次のような「曲線族」$C_s : x_s(t)$ を考える. C_s は次の性質をもつとする.

(1) $C_0 = C$

(2) $s = 0$ を含むある区間 $(-\varepsilon, \varepsilon)$ の各 s に対して C_s が定義される.

(3) 各 s に対して $x_s(t)$ は $0 \leq t \leq d$ の範囲で定義される. ここで t は弧長とは限らないが「弧長に比例するパラメータ」とする. すなわち, $\left|\frac{dx_s(t)}{dt}\right|$ の値は t によらず一定である.

(4) $x_s(0) = x(0)$, $x_s(d) = x(d)$ である.

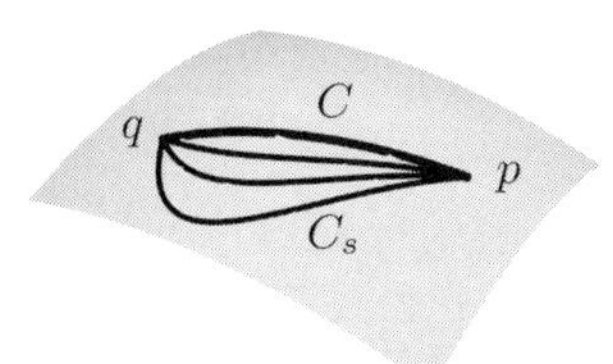

曲線 C_s の長さを $L(s)$ とする. もし $C = C_0$ がこの族の中で長さが最小であるとすると

$$L'(0) = 0 \tag{6.10}$$

となっているはずである. (6.8) を用いて (6.10) を具体的に計算してみよう. ここでは曲線の局所座標 u_1, u_2 は t, s を変数とする 2 変数関数として考えている.

$$\begin{aligned}
&L'(s) \\
&= \int_0^d \frac{1}{2}\left(\left(\frac{\partial u_1}{\partial t}\right)^2 g_{11} + 2\frac{\partial u_1}{\partial t}\frac{\partial u_2}{\partial t}g_{12} + \left(\frac{\partial u_2}{\partial t}\right)^2 g_{22}\right)^{-1/2} \\
&\times \left(2\frac{\partial u_1}{\partial t}\frac{\partial^2 u_1}{\partial s \partial t}g_{11} + \left(\frac{\partial u_1}{\partial t}\right)^2 \frac{\partial g_{11}}{\partial s}\right. \\
&+ 2\frac{\partial^2 u_1}{\partial s \partial t}\frac{\partial u_2}{\partial t}g_{12} + 2\frac{\partial u_1}{\partial t}\frac{\partial^2 u_2}{\partial s \partial t}g_{12} + 2\frac{\partial u_1}{\partial t}\frac{\partial u_2}{\partial t}\frac{\partial g_{12}}{\partial s} \\
&\left. + 2\frac{\partial u_2}{\partial t}\frac{\partial^2 u_2}{\partial s \partial t}g_{22} + \left(\frac{\partial u_2}{\partial t}\right)^2 \frac{\partial g_{22}}{\partial s}\right) dt \\
&= \int_0^d \frac{1}{2}\left(\left(\frac{\partial u_1}{\partial t}\right)^2 g_{11} + 2\frac{\partial u_1}{\partial t}\frac{\partial u_2}{\partial t}g_{12} + \left(\frac{\partial u_2}{\partial t}\right)^2 g_{22}\right)^{-1/2} \\
&\times \left(2\frac{\partial}{\partial t}\left(\frac{\partial u_1}{\partial t}\frac{\partial u_1}{\partial s}g_{11} + \frac{\partial u_2}{\partial t}\frac{\partial u_2}{\partial s}g_{22} + \frac{\partial u_1}{\partial t}\frac{\partial u_2}{\partial s}g_{12} + \frac{\partial u_2}{\partial t}\frac{\partial u_1}{\partial s}g_{12}\right)\right.
\end{aligned}$$

$$
\begin{aligned}
&-2\frac{\partial^2 u_1}{\partial t^2}\frac{\partial u_1}{\partial s}g_{11}-2\frac{\partial u_1}{\partial t}\frac{\partial u_1}{\partial s}\frac{\partial g_{11}}{\partial t}-2\frac{\partial^2 u_2}{\partial t^2}\frac{\partial u_2}{\partial s}g_{22}-2\frac{\partial u_2}{\partial t}\frac{\partial u_2}{\partial s}\frac{\partial g_{22}}{\partial t}\\
&-2\frac{\partial^2 u_1}{\partial t^2}\frac{\partial u_2}{\partial s}g_{12}-2\frac{\partial u_1}{\partial t}\frac{\partial u_2}{\partial s}\frac{\partial g_{12}}{\partial t}-2\frac{\partial^2 u_2}{\partial t^2}\frac{\partial u_1}{\partial s}g_{12}-2\frac{\partial u_2}{\partial t}\frac{\partial u_1}{\partial s}\frac{\partial g_{12}}{\partial t} \qquad (6.11)\\
&+\left(\frac{\partial u_1}{\partial t}\right)^2\frac{\partial g_{11}}{\partial s}+2\frac{\partial u_1}{\partial t}\frac{\partial u_2}{\partial t}\frac{\partial g_{12}}{\partial s}+\left(\frac{\partial u_2}{\partial t}\right)^2\frac{\partial g_{22}}{\partial s}\Bigg)\,dt
\end{aligned}
$$

$s=0$ のとき t は弧長パラメータであるから $|dx/dt|=1$ が成り立ち，$t=0$ と $t=d$ においては s にかかわらず x は定点であることから $\partial u_1/\partial s=0$, $\partial u_2/\partial s=0$ となるので，$L'(0)$ について次の式が成り立つ．

$$
\begin{aligned}
&L'(0)\\
&=\int_0^d\Bigg(\frac{\partial u_1}{\partial s}\Bigg(-\frac{\partial^2 u_1}{\partial t^2}g_{11}-\frac{\partial^2 u_2}{\partial t^2}g_{12}-\frac{\partial u_1}{\partial t}\frac{\partial u_2}{\partial t}\frac{\partial g_{11}}{\partial u_2}\\
&\quad-\frac{1}{2}\left(\frac{\partial u_1}{\partial t}\right)^2\frac{\partial g_{11}}{\partial u_1}-\left(\frac{\partial u_2}{\partial t}\right)^2\frac{\partial g_{12}}{\partial u_2}+\frac{1}{2}\left(\frac{\partial u_2}{\partial t}\right)^2\frac{\partial g_{22}}{\partial u_1}\Bigg) \qquad (6.12)\\
&\quad+\frac{\partial u_2}{\partial s}\Bigg(-\frac{\partial^2 u_1}{\partial t^2}g_{12}-\frac{\partial^2 u_2}{\partial t^2}g_{22}-\frac{\partial u_1}{\partial t}\frac{\partial u_2}{\partial t}\frac{\partial g_{22}}{\partial u_1}\\
&\quad+\frac{1}{2}\left(\frac{\partial u_1}{\partial t}\right)^2\frac{\partial g_{11}}{\partial u_2}-\left(\frac{\partial u_1}{\partial t}\right)^2\frac{\partial g_{12}}{\partial u_1}-\frac{1}{2}\left(\frac{\partial u_2}{\partial t}\right)^2\frac{\partial g_{22}}{\partial u_2}\Bigg)\Bigg)\,dt
\end{aligned}
$$

曲線 C の長さが最小ならば, $0<t<d$ においてどのように $\partial u_1/\partial s$, $\partial u_2/\partial s$ を選んでも $L'(0)=0$ が成り立たなければならない．これより (6.12) の積分式の中の $\partial u_1/\partial s$, $\partial u_2/\partial s$ の係数はそれぞれ 0 でなければならず，これを整理すると次の 2 式を得る．以下では，$s=0$ で表される曲線 C についてのみ考えるので，$\partial u_1/\partial t$, $\partial u_2/\partial t$ は du_1/dt, du_2/dt に改められている．

$$
\begin{aligned}
&\frac{d^2u_1}{dt^2}+\left(g_{11}g_{22}-g_{12}^2\right)^{-1}\Bigg(\frac{du_1}{dt}\frac{du_2}{dt}\left(g_{22}\frac{\partial g_{11}}{\partial u_2}-g_{12}\frac{\partial g_{22}}{\partial u_1}\right)\\
&+\frac{1}{2}\left(\frac{du_1}{dt}\right)^2\left(g_{22}\frac{\partial g_{11}}{\partial u_1}-2g_{12}\frac{\partial g_{12}}{\partial u_1}+g_{12}\frac{\partial g_{11}}{\partial u_2}\right)\\
&+\frac{1}{2}\left(\frac{du_2}{dt}\right)^2\left(-g_{22}\frac{\partial g_{22}}{\partial u_1}+2g_{22}\frac{\partial g_{12}}{\partial u_1}-g_{12}\frac{\partial g_{22}}{\partial u_2}\right)\Bigg)\\
&=0
\end{aligned}
$$

$$
\begin{aligned}
&\frac{d^2u_2}{dt^2} + (g_{11}g_{22} - g_{12}^2)^{-1} \left(\frac{du_1}{dt}\frac{du_2}{dt} \left(g_{11}\frac{\partial g_{22}}{\partial u_1} - g_{12}\frac{\partial g_{11}}{\partial u_2} \right) \right. \\
&+\frac{1}{2}\left(\frac{du_1}{dt}\right)^2 \left(-g_{11}\frac{\partial g_{11}}{\partial u_2} + 2g_{11}\frac{\partial g_{12}}{\partial u_1} - g_{12}\frac{\partial g_{11}}{\partial u_1} \right) \\
&\left. +\frac{1}{2}\left(\frac{du_2}{dt}\right)^2 \left(g_{11}\frac{\partial g_{22}}{\partial u_2} - 2g_{12}\frac{\partial g_{12}}{\partial u_2} + g_{12}\frac{\partial g_{22}}{\partial u_1} \right) \right) \\
&= 0
\end{aligned}
\tag{6.13}
$$

(6.13) は，2 点を結ぶ最短線の接ベクトルの成分 $\partial u_1/\partial t, \partial u_2/\partial t$ がみたすべき式を与えており，それがリーマン計量 g_{ij} とその微分を係数とする微分方程式である，という点が重要である．さて，(6.13) を簡潔に表すためにいくつかの記号を導入しよう．まず，リーマン計量を

$$
G = \begin{pmatrix} g_{11} & g_{12} \\ g_{21} & g_{22} \end{pmatrix}
$$

と行列で表し，G の逆行列 G^{-1} の (i, j) 成分を g^{ij} という記号で表すことにする．g^{ij} は具体的に

$$
G^{-1} = \begin{pmatrix} g^{11} & g^{12} \\ g^{21} & g^{22} \end{pmatrix} = (g_{11}g_{22} - g_{12}^2)^{-1} \begin{pmatrix} g_{22} & -g_{12} \\ -g_{21} & g_{11} \end{pmatrix}
$$

によって与えられる．g^{ij} と g_{ij} の微分を用いて Γ_{ij}^k を

$$
\Gamma_{ij}^k = \frac{1}{2}\sum_{m=1}^{2} g^{km} \left(\frac{\partial g_{im}}{\partial u_j} + \frac{\partial g_{jm}}{\partial u_i} - \frac{\partial g_{ij}}{\partial u_m} \right) \tag{6.14}
$$

により定義する[84]．Γ_{ij}^k を用いると (6.13) は次のように簡潔に表される．

$$
\frac{d^2u_k}{dt^2} + \sum_{i,j=1}^{2} \Gamma_{ij}^k \frac{du_i}{dt}\frac{du_j}{dt} = 0 \qquad (k = 1, 2) \tag{6.15}
$$

(6.15) をみたす曲線を**測地線**と呼ぶ．測地線の方程式 (6.15) は 2 点を結ぶ最短線を求めることによって得られた式であるが，次の点は注意が必要である．

- 2 点を結ぶ最短線は弧長パラメータによって表されているとき，測地線の方程式 (6.15) をみたす．弧長に比例するパラメータを用いても (6.15) をみたす．しかし，ほかのパラメータで表した

[84] E^3 内の曲面に対しては (4.19) で与えられている式で，「クリストッフェルの記号」と呼ばれている．

ときには (6.15) は成り立たない．

- 測地線が 2 点を結ぶ最短線とならないこともある．例えば，単位球面上の大円は測地線であるが，単位球面上の 2 点を結ぶ大円弧のうち最短線となるのは長さが π 以下のものであって，長さが π より大きい大円弧は最短線ではない．

測地線はユークリッド空間における直線にあたるものであり，これを S 上の「まっすぐな，曲がっていない」線と考えることによって，他の曲線の曲がり具合を考えることができるようになる．それについて次節で見ていくことにしよう．

6.4 平行性

測地線をユークリッド空間における直線に対応するものと見るならば，その単位接ベクトルは自分自身に沿って動くとき，「向きは変化しない」[85] と考えるのは妥当であろう．この考えに基づいて，(6.15) を利用して抽象的な曲面 S の上に「平行性」の概念を導入しよう．

85) これが「平行移動」ということである．

まず，(6.15) を $T_k = du_k/dt$ とおいて，

$$\frac{dT_k}{dt} + \sum_{i,j=1}^{2} \Gamma_{ij}^{k} \frac{du_i}{dt} T_j = 0 \qquad (k = 1, 2) \tag{6.16}$$

と書き直しておこう．次に，測地線 C に沿って定義された S 上の接ベクトル場 $V(t) = \zeta_1(t)\frac{\partial}{\partial u_1} + \zeta_2(t)\frac{\partial}{\partial u_2}$ について，(6.16) にならって $V(t)$ が次の式をみたすとき，「$V(t)$ は C に沿って平行である」と言う．

$$\frac{d\zeta_k}{dt} + \sum_{i,j=1}^{2} \Gamma_{ij}^{k} \frac{du_i}{dt} \zeta_j(t) = 0 \qquad (k = 1, 2) \tag{6.17}$$

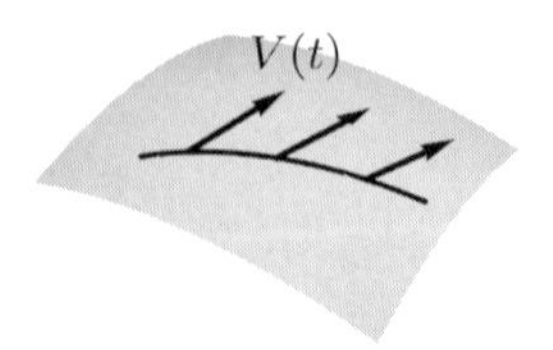

平行なベクトル場のイメージ図

定理 6.1　接ベクトル場 $V(t)$ が測地線 C に沿って平行であるとする．このとき，

(1) $V(t)$ の大きさは変わらない．

(2) $V(t)$ と C の間の角の大きさは変わらない．

問 6.1　定理 6.1 を証明せよ．

6.5 共変微分

(6.17) の左辺の量は各点ごとに定義することができ，しかもそのとき，$(u_1(t), u_2(t))$ は測地線でなく任意の曲線を用いることができる．すなわち，S 上の点 p における接ベクトル $X = \xi_1 \frac{\partial}{\partial u_1} + \xi_2 \frac{\partial}{\partial u_2}$ と p の近傍で定義された S の接ベクトル場 $V = \zeta_1 \frac{\partial}{\partial u_1} + \zeta_2 \frac{\partial}{\partial u_2}$ に対して，$(u_1(0), u_2(0)) = (u_1(p), u_2(p))$, $(u_1'(0), u_2'(0)) = (\xi_1, \xi_2)$ であるような曲線 $(u_1(t), u_2(t))$ をとり，$\zeta_k(t) = \zeta_k(u_1(t), u_2(t))$ とおいて，

$$\sum_{k=1}^{2} \left(\zeta_k'(0) + \sum_{i,j=1}^{2} \Gamma_{ij}^k \xi_i \zeta_j(0) \right) \frac{\partial}{\partial u_k}(p) \tag{6.18}$$

によって定まる接ベクトルを考える．(6.18) は

$$\sum_{k=1}^{2} \left(\sum_{i=1}^{2} \xi_i \frac{\partial \zeta_k}{\partial u_i}(p) + \sum_{i,j=1}^{2} \Gamma_{ij}^k \xi_i \zeta_j(p) \right) \frac{\partial}{\partial u_k}(p) \tag{6.19}$$

と書き換えることもできるが，この式で定まるベクトルは点 p のまわりの局所座標系のとり方には依存しない．点 p における接ベクトル X と p の付近で与えられた接ベクトル場 V から (6.19) によって定まる接ベクトルを $D_X V$ という記号で表し，X の方向の V の**共変微分**と呼ぶ．

問 6.2　局所座標系のとり方によらず，(6.19) で定義されるベクトルは同じものになることを示せ．

座標軸方向のベクトルの共変微分については次の式が成り立つ．

$$D_{\frac{\partial}{\partial u_i}} \frac{\partial}{\partial u_j} = \sum_{k=1}^{2} \Gamma_{ij}^k \frac{\partial}{\partial u_k} \tag{6.20}$$

さらに，$\Gamma_{ij}^k = \Gamma_{ji}^k$ であるから，

$$D_{\frac{\partial}{\partial u_i}} \frac{\partial}{\partial u_j} = D_{\frac{\partial}{\partial u_j}} \frac{\partial}{\partial u_i} \tag{6.21}$$

が成り立つ．また，X に接する曲線に沿って V が平行であるとき，$D_X V = 0$ が成り立つ．特に，測地線の単位接ベクトル T は $D_T T = 0$ をみたす．次の定理では，共変微分の基本的な性質について述べる．

定理 6.2 X, Y を点 p における接ベクトル，V, W を p の近傍で定義された接ベクトル場，f を p の近傍で定義された関数，a を定数とするとき，次の式が成り立つ．

(1) $D_X(V + W) = D_X V + D_X W$

(2) $D_X(fV) = (Xf)V + f D_X V$

(3) $D_{X+Y} V = D_X V + D_Y W$

(4) $D_{aX} V = a D_X V$

(5) $X\langle V, W\rangle = \langle D_X V, W\rangle + \langle V, D_X W\rangle$

問 6.3 定理 6.2 の等式を証明せよ．

次に，接ベクトル場の「カッコ積」と共変微分の関係を見てみよう．接ベクトル場 $X = \xi_1 \frac{\partial}{\partial u_1} + \xi_2 \frac{\partial}{\partial u_2}$ と $Y = \eta_1 \frac{\partial}{\partial u_1} + \eta_2 \frac{\partial}{\partial u_2}$ のカッコ積 $[X, Y]$ は

$$[X, Y] = \sum_{i,j=1}^{2} \left(\xi_i \frac{\partial \eta_j}{\partial u_i} - \eta_i \frac{\partial \xi_j}{\partial u_i} \right) \frac{\partial}{\partial u_j}$$

によって定義される接ベクトル場である．§4.3 ではユークリッド空間内の曲面に対して定義されたが，ユークリッド空間にあることを前提としなくても微分可能多様体の上で同様に定義することができる．カッコ積は微分作用素として次の性質をもつ．

$$[X, Y]f = XYf - YXf \tag{6.22}$$

また，座標軸方向の接ベクトルについては

$$\left[\frac{\partial}{\partial u_1}, \frac{\partial}{\partial u_2}\right] = 0 \tag{6.23}$$

が成り立ち，共変微分とは次の関係にある．

$$[X, Y] = D_X Y - D_Y X \tag{6.24}$$

問 6.4 (6.22), (6.24) を証明せよ．

(6.23) にあるように，座標軸方向の接ベクトルについてはカッコ積の値が 0 になるが，逆に，2 つの接ベクトル場のカッコ積の値が 0 であると，それらを座標軸方向とするような座標が存在する．

定理 6.3 接ベクトル場 X, Y について $[X, Y] = 0$ が成り立つとき，S の局所座標 (v_1, v_2) で

$$X = \frac{\partial}{\partial v_1}, \quad Y = \frac{\partial}{\partial v_2}$$

となるものが存在する．

証明. S にすでに与えられている局所座標 (u_1, u_2) を用いて X, Y を

$$\begin{aligned} X =& \xi_1(u_1, u_2)\frac{\partial}{\partial u_1} + \xi_2(u_1, u_2)\frac{\partial}{\partial u_2}, \\ Y =& \eta_1(u_1, u_2)\frac{\partial}{\partial u_1} + \eta_2(u_1, u_2)\frac{\partial}{\partial u_2} \end{aligned}$$

と表す．ここで，u_1, u_2 が他の座標 (v_1, v_2) で表されているとして，

$$\begin{pmatrix} \frac{\partial u_1}{\partial v_1} & \frac{\partial u_2}{\partial v_1} \\ \frac{\partial u_1}{\partial v_2} & \frac{\partial u_2}{\partial v_2} \end{pmatrix} = \begin{pmatrix} \xi_1 & \xi_2 \\ \eta_1 & \eta_2 \end{pmatrix} \tag{6.25}$$

という式を考える．(6.25) は

$$\begin{pmatrix} \frac{\partial v_1}{\partial u_1} & \frac{\partial v_2}{\partial u_1} \\ \frac{\partial v_1}{\partial u_2} & \frac{\partial v_2}{\partial u_2} \end{pmatrix} = \begin{pmatrix} \frac{\eta_2}{\xi_1\eta_2 - \xi_2\eta_1} & \frac{-\xi_2}{\xi_1\eta_2 - \xi_2\eta_1} \\ \frac{-\eta_1}{\xi_1\eta_2 - \xi_2\eta_1} & \frac{\xi_1}{\xi_1\eta_2 - \xi_2\eta_1} \end{pmatrix} \tag{6.26}$$

と同値であるが，この式は (u_1, u_2) を変数とする関数 $v_1(u_1, u_2)$, $v_2(u_1, u_2)$ を未知関数とする連立偏微分方程式と見ることができる．

(6.26) は $\frac{\partial^2 v_1}{\partial u_1 \partial u_2} = \frac{\partial^2 v_1}{\partial u_2 \partial u_1}$, $\frac{\partial^2 v_2}{\partial u_1 \partial u_2} = \frac{\partial^2 v_2}{\partial u_2 \partial u_1}$ が成り立つために要請される「積分可能条件」

$$\begin{cases} \dfrac{\partial}{\partial u_2}\left(\dfrac{\eta_2}{\xi_1\eta_2 - \xi_2\eta_1}\right) = \dfrac{\partial}{\partial u_1}\left(\dfrac{-\eta_1}{\xi_1\eta_2 - \xi_2\eta_1}\right) \\ \dfrac{\partial}{\partial u_2}\left(\dfrac{-\xi_2}{\xi_1\eta_2 - \xi_2\eta_1}\right) = \dfrac{\partial}{\partial u_1}\left(\dfrac{\xi_1}{\xi_1\eta_2 - \xi_2\eta_1}\right) \end{cases} \tag{6.27}$$

がみたされるとき解を持つが，(6.27) は $[X, Y] = 0$ であることを表す

$$\begin{cases} \xi_1 \dfrac{\partial \eta_1}{\partial u_1} - \eta_1 \dfrac{\partial \xi_1}{\partial u_1} + \xi_2 \dfrac{\partial \eta_1}{\partial u_2} - \eta_2 \dfrac{\partial \xi_1}{\partial u_2} = 0 \\ \xi_1 \dfrac{\partial \eta_2}{\partial u_1} - \eta_1 \dfrac{\partial \xi_2}{\partial u_1} + \xi_2 \dfrac{\partial \eta_2}{\partial u_2} - \eta_2 \dfrac{\partial \xi_2}{\partial u_2} = 0 \end{cases} \tag{6.28}$$

と同値である．したがって，$[X, Y] = 0$ のとき (6.26) は解 $(v_1(u_1, u_2), v_2(u_1, u_2))$ をもち，この解の式によって座標を (u_1, u_2) から (v_1, v_2) に変換すると，

$$X = \xi_1 \frac{\partial}{\partial u_1} + \xi_2 \frac{\partial}{\partial u_2} = \frac{\partial u_1}{\partial v_1}\frac{\partial}{\partial u_1} + \frac{\partial u_2}{\partial v_1}\frac{\partial}{\partial u_2} = \frac{\partial}{\partial v_1}$$
$$Y = \eta_1 \frac{\partial}{\partial u_1} + \eta_2 \frac{\partial}{\partial u_2} = \frac{\partial u_1}{\partial v_2}\frac{\partial}{\partial u_1} + \frac{\partial u_2}{\partial v_2}\frac{\partial}{\partial u_2} = \frac{\partial}{\partial v_2}$$

が成り立つ． □

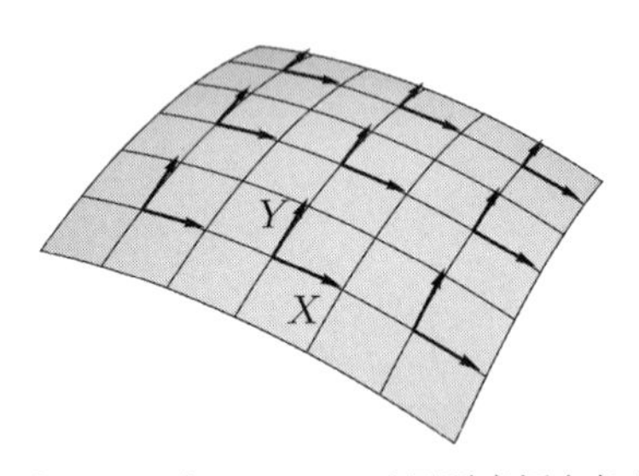

$[X, Y] = 0$ である X, Y は局所座標を与える．

ユークリッド空間内の曲面を調べるときに正規直交基底をしばしば利用したが，リーマン多様体の幾何学でも正規直交基底は便利な道具である．$\{e_1, e_2\}$ を抽象的な曲面（2 次元リーマン多様体）S

上で（局所的に定義された）接ベクトル場の組で，定義されている領域の各点 p における接ベクトル全体の作る 2 次元ベクトル空間（T_pS で表す）の正規直交基底となっていて，$e_1 = a_{11}\frac{\partial}{\partial u_1} + a_{12}\frac{\partial}{\partial u_2}$，$e_2 = a_{21}\frac{\partial}{\partial u_1} + a_{22}\frac{\partial}{\partial u_2}$ と表したとき $a_{11}, a_{12}, a_{21}, a_{22}$ が微分可能な関数であるものとする．このとき，e_1, e_2 の共変微分を次のように表すことにする．

$$D_{e_i}e_j = \sum_{k=1}^{2} \omega_{ij}^k e_k \quad (i, j = 1, 2)$$

定理 6.2 の (5) より，

$$e_i\langle e_j, e_k\rangle = \langle D_{e_i}e_j, e_k\rangle + \langle e_j, D_{e_i}e_k\rangle$$

が成り立つが，$e_i\langle e_j, e_k\rangle = 0$ であるから，

$$\omega_{ij}^k + \omega_{ik}^j = 0$$

がすべての $i, j, k = 1, 2$ について成り立つ．これより次の式を得る．

$$\begin{gathered} \omega_{11}^1 = 0, \quad \omega_{22}^2 = 0, \quad \omega_{12}^2 = 0, \quad \omega_{21}^1 = 0 \\ \omega_{11}^2 = -\omega_{12}^1, \quad \omega_{22}^1 = -\omega_{21}^2 \end{gathered} \tag{6.29}$$

e_1 と e_2 のカッコ積 $[e_1, e_2]$ については，(6.24) より

$$\begin{aligned} [e_1, e_2] &= D_{e_1}e_2 - D_{e_2}e_1 \\ &= \omega_{12}^1 e_1 - \omega_{21}^2 e_2 \end{aligned} \tag{6.30}$$

が成り立つ．

6.6 曲面の曲率

前節までの議論は次のようにまとめることができる．

* たとえ曲面が（ユークリッド空間にあるとは限らない）抽象的な 2 次元微分可能多様体というものであっても，
* 2 点間の距離が与えられていれば，
* 各点の接ベクトルの間に内積（リーマン計量）が定義され，

$*$ その内積と内積の微分を用いて共変微分が定義される．

さらに，共変微分を用いて曲面の「曲率」を定義しよう．ユークリッド空間内の曲面のガウス曲率について成り立つ式 (4.24) を利用して，抽象的な曲面の**ガウス曲率** K を 1 次独立な接ベクトルの組 $\{X, Y\}$ を用いて次の式で定義する．

$$K = \frac{\langle D_X D_Y Y - D_Y D_X Y - D_{[X,Y]} Y, X\rangle}{\langle X, X\rangle\langle Y, Y\rangle - \langle X, Y\rangle^2} \tag{6.31}$$

ガウス曲率は次の性質をもつ．

- ガウス曲率の定義式の中の $D_X Y$, $[X, Y]$ などは，1 点での X, Y の値だけでなく，X, Y のベクトル場としての挙動に依存して定まるベクトルであるが，ガウス曲率そのものは X, Y の 1 点における値によって定まる．
- さらに，p を S の点とするとき，X, Y が p において 1 次独立な接ベクトルであれば，X, Y の選び方によらず (6.31) の右辺の値は同じになる．

これらの性質により，(6.31) によって「点 p におけるガウス曲率」が定義されている, と考えることができる[86]．

さて，上の性質を説明するために，接ベクトル場 X, Y, Z に対して，

$$R(X, Y)Z = D_X D_Y Z - D_Y D_X Z - D_{[X,Y]} Z \tag{6.32}$$

によって定まる接ベクトル場を考えよう．$R(X, Y)Z$ は**曲率テンソル**と呼ばれる．曲率テンソルを用いるとガウス曲率は

$$K = \frac{\langle R(X, Y)Y, X\rangle}{\langle X, X\rangle\langle Y, Y\rangle - \langle X, Y\rangle^2}$$

と表される．局所座標系を用いて $X = \xi_1 \frac{\partial}{\partial u_1} + \xi_2 \frac{\partial}{\partial u_2}$，$Y = \eta_1 \frac{\partial}{\partial u_1} + \eta_2 \frac{\partial}{\partial u_2}$，$Z = \zeta_1 \frac{\partial}{\partial u_1} + \zeta_2 \frac{\partial}{\partial u_2}$ と表すとき，$R(X, Y)Z$ は次の式で表される．

$$\begin{aligned} &R(X, Y)Z \\ &= \sum_{i,j,k=1}^{2} \xi_i \eta_j \zeta_k \left(\sum_{m=1}^{2} \left(\frac{\partial \Gamma_{jk}^m}{\partial u_i} - \frac{\partial \Gamma_{ik}^m}{\partial u_j} + \sum_{\ell=1}^{2} \Gamma_{jk}^{\ell} \Gamma_{i\ell}^m - \sum_{\ell=1}^{2} \Gamma_{ik}^{\ell} \Gamma_{j\ell}^m \right) \frac{\partial}{\partial u_m} \right) \end{aligned} \tag{6.33}$$

86) このように「点 p における」という表現と矛盾なく定義されていることを「well-defined」と言うことがある．

(6.33) は p における $R(X,Y)Z$ の値が X, Y, Z の p における値によって定まり，p 以外の点での挙動には依存しないことを示している．これにより，ガウス曲率は X, Y の点 p における値のみによって定まることがわかる．

問 6.5 (6.33) を示せ．

曲率テンソルについては次の式が成り立つ（$\alpha_1, \alpha_2, \beta_1, \beta_2$ は定数）．

$$
\begin{aligned}
&(1)\quad R(Y,X)Z = -R(X,Y)Z \\
&(2)\quad R(X,X)Z = 0 \\
&(3)\quad R(\alpha_1 X + \alpha_2 Y, \beta_1 X + \beta_2 Y)Z = (\alpha_1\beta_2 - \alpha_2\beta_1)R(X,Y)Z \\
&(4)\quad \langle R(X,Y)Z, W\rangle = -\langle R(X,Y)W, Z\rangle
\end{aligned}
\tag{6.34}
$$

問 6.6 (6.34) を示せ．

(6.34) を用いると，$\bar{X} = \alpha_1 X + \alpha_2 Y$, $\bar{Y} = \beta_1 X + \beta_2 Y$ とするとき，$\{\bar{X}, \bar{Y}\}$ も $\{X, Y\}$ 同様に 1 次独立であれば，次の式が成り立つことがわかる．

$$
\frac{\langle R(\bar{X},\bar{Y})\bar{Y}, \bar{X}\rangle}{\langle \bar{X},\bar{X}\rangle\langle \bar{Y},\bar{Y}\rangle - \langle \bar{X},\bar{Y}\rangle^2} = \frac{\langle R(X,Y)Y, X\rangle}{\langle X,X\rangle\langle Y,Y\rangle - \langle X,Y\rangle^2} \tag{6.35}
$$

(6.35) により，X, Y が p において 1 次独立な接ベクトルであれば，X, Y の選び方によらずガウス曲率 K の値が一意的に定まることがわかる．

問 6.7 (6.35) を示せ．

局所座標を用いるとガウス曲率は次の式で与えられる．

$$
\begin{aligned}
K = (g_{11}g_{22} - g_{12}^2)^{-1}\Bigl(&\sum_{k=1}^{2} \frac{\partial \Gamma_{22}^k}{\partial u_1} g_{k1} + \sum_{k,\ell=1}^{2} \Gamma_{22}^k \Gamma_{1k}^\ell g_{\ell 1} \\
&- \sum_{k=1}^{2} \frac{\partial \Gamma_{12}^k}{\partial u_2} g_{k1} - \sum_{k,\ell=1}^{2} \Gamma_{12}^k \Gamma_{2k}^\ell g_{\ell 1}\Bigr)
\end{aligned}
\tag{6.36}
$$

問 6.8 (6.36) を示せ．

問 6.9 $g_{11}=1,\ g_{12}=g_{21}=0,\ g_{22}=u_1^2$ でリーマン計量が与えられた曲面のガウス曲率は 0 で一定であることを示せ.

問 6.10 $g_{11}=1,\ g_{12}=g_{21}=0,\ g_{22}=\sin^2 u_1$ である曲面のガウス曲率は 1 で一定であることを示せ.

問 6.11 $g_{11}=1,\ g_{12}=g_{21}=0,\ g_{22}=\sinh^2 u_1$ である曲面のガウス曲率は -1 で一定であることを示せ.

問 6.12 $g_{11}=\frac{1}{u_2^2},\ g_{12}=g_{21}=0,\ g_{22}=\frac{1}{u_2^2}$ である曲面のガウス曲率は -1 で一定であることを示せ.

問 6.13 $g_{11}=\frac{4}{(1-u_1^22-u_2^2)^2},\ g_{12}=g_{21}=0,\ g_{22}=\frac{4}{(1-u_1^2-u_2^2)^2}$ である曲面のガウス曲率は -1 で一定であることを示せ.

次に，正規直交基底 $\{e_1,e_2\}$ を用いてガウス曲率を表してみよう．(6.31) において $X=e_1,\ Y=e_2$ とおくと，

$$K=\left\langle D_{e_1}D_{e_2}e_2-D_{e_2}D_{e_1}e_2-D_{[e_1,e_2]}e_2,e_1\right\rangle \tag{6.37}$$

となる．(6.29), (6.30) を用いると，K は次のように表される．

$$\begin{aligned}K&=\left\langle D_{e_1}(\omega_{22}^1e_1)-D_{e_2}(\omega_{12}^1e_1)-D_{(\omega_{12}^1e_1-\omega_{21}^2e_2)}e_2,e_1\right\rangle\\&=-e_1(\omega_{21}^2)-e_2(\omega_{12}^1)-(\omega_{12}^1)^2-(\omega_{21}^2)^2\end{aligned} \tag{6.38}$$

ユークリッド空間内の曲面の場合は，ガウス曲率が「曲面の曲がり具合」を表すのに意味がある量であることを，法ベクトル（型作用素，第 2 基本形式）を用いて（ガウスの方程式を通して）説明することができたが，抽象的な曲面では法ベクトルを考えることはできないので，別の観点からガウス曲率の意味を考えることにしよう．

まず，曲面上の 1 つの点とその点を通る測地線の集合を考える．平面と球面の場合を比較するとわかるように，測地線の「拡がり方」は曲面の曲がり具合を反映している．

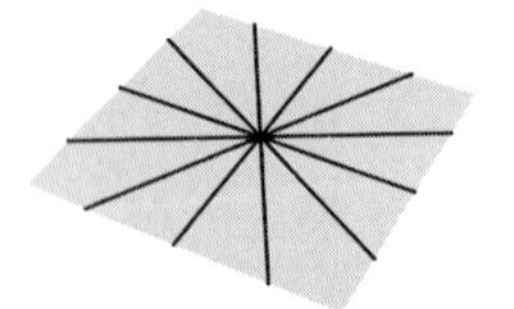

1 点を通る測地線の拡がり方（平面と球面）

この考えに基づいて，次のような記号の設定を行う．p を曲面上の点とし，まず，p を通る 1 本の測地線 C を考える．C を弧長パラメータで表したものを $x(s)$ とし，$T_0 = x'(0)$ とする．T_θ $(0 \leq \theta < 2\pi)$ を T_0 からの回転角が θ である T_pS の単位ベクトルとする．p を通り，p において T_θ に接する測地線を C_θ とする．C_θ の弧長パラメータも s で表すことにし，C_θ の s によるパラメータ表示を $x_\theta(s)$ $(x(0) = p,\ x'(0) = T_\theta)$ とする．正の定数 a[87] に対して，$\gamma_a = \{x_\theta(a) \,|\, 0 \leq \theta < 2\pi\}$ という集合を考える．ユークリッド平面で言えば，γ_a は点 p を中心とする半径 a の円のことであるが，**測地円** と呼ばれる．

87) ここでは，a は十分に小さな正の数ということにしよう．a が大きくなっていくと測地円が一点につぶれてしまう球面のような例があり，そのような場合は別の注意を払う必要があるためであるが，ここでの目的は測地円の拡大速度とガウス曲率の関係を見ることであるから，a を小さい数に限定して議論することにする．

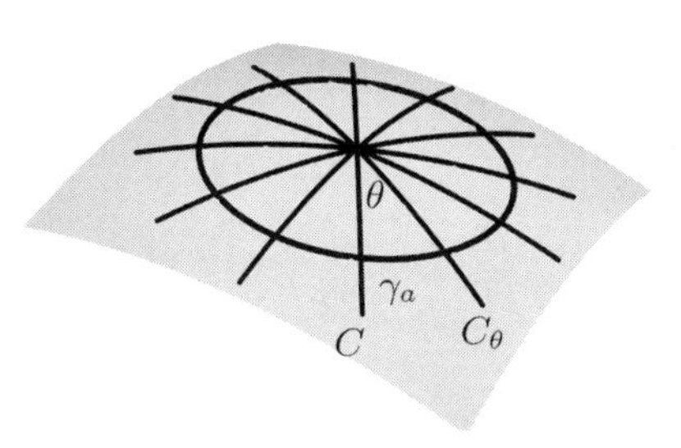

(s, θ) は p の近傍で（ただし，p 自身を除いて）S の局所座標を与える．各 θ に対して s は弧長パラメータであるから，

$$\left\langle \frac{\partial}{\partial s}, \frac{\partial}{\partial s} \right\rangle = 1 \tag{6.39}$$

が成り立つ．この式の両辺を θ で微分することにより

$$\left\langle D_{\frac{\partial}{\partial \theta}} \frac{\partial}{\partial s}, \frac{\partial}{\partial s} \right\rangle = 0 \tag{6.40}$$

を得る．また，

$$\frac{\partial}{\partial s} \left\langle \frac{\partial}{\partial s}, \frac{\partial}{\partial \theta} \right\rangle = \left\langle D_{\frac{\partial}{\partial s}} \frac{\partial}{\partial s}, \frac{\partial}{\partial \theta} \right\rangle + \left\langle \frac{\partial}{\partial s}, D_{\frac{\partial}{\partial s}} \frac{\partial}{\partial \theta} \right\rangle \tag{6.41}$$

であるが，C_θ が測地線であることから $D_{\frac{\partial}{\partial s}} \frac{\partial}{\partial s} = 0$ であり，(6.21) より $D_{\frac{\partial}{\partial s}} \frac{\partial}{\partial \theta} = D_{\frac{\partial}{\partial \theta}} \frac{\partial}{\partial s}$ であるから，(6.40), (6.41) より

$$\frac{\partial}{\partial s} \left\langle \frac{\partial}{\partial s}, \frac{\partial}{\partial \theta} \right\rangle = 0 \tag{6.42}$$

となり，$\langle \frac{\partial}{\partial s}, \frac{\partial}{\partial \theta} \rangle$ は C_θ に沿って一定の値であることがわかる．$s \to 0$ のとき（p に近づくとき）$\langle \frac{\partial}{\partial s}, \frac{\partial}{\partial \theta} \rangle \to 0$ となるから

$$\left\langle \frac{\partial}{\partial s}, \frac{\partial}{\partial \theta} \right\rangle = 0 \tag{6.43}$$

が成り立つ．

次に，$\langle \frac{\partial}{\partial \theta}, \frac{\partial}{\partial \theta} \rangle$ がどのように変化するかを考える．測地円の円周は $\int_0^{2\pi} \langle \frac{\partial}{\partial \theta}, \frac{\partial}{\partial \theta} \rangle^{1/2} d\theta$ という積分式で表され，$\langle \frac{\partial}{\partial \theta}, \frac{\partial}{\partial \theta} \rangle$ の値は曲面の曲がり具合を反映していると考えられる．そこで，C_θ に沿って動くとき $\langle \frac{\partial}{\partial \theta}, \frac{\partial}{\partial \theta} \rangle$ がどのように変化するかを考えてみよう．そのため，θ の値を固定し，C_θ に沿って定義された関数として $f(s) = \langle \frac{\partial}{\partial \theta}, \frac{\partial}{\partial \theta} \rangle$ とおく．すると，

$$\begin{aligned} f'(s) &= 2\left\langle D_{\frac{\partial}{\partial s}} \frac{\partial}{\partial \theta}, \frac{\partial}{\partial \theta} \right\rangle \\ f''(s) &= 2\left\langle D_{\frac{\partial}{\partial s}} D_{\frac{\partial}{\partial s}} \frac{\partial}{\partial \theta}, \frac{\partial}{\partial \theta} \right\rangle + 2\left\langle D_{\frac{\partial}{\partial s}} \frac{\partial}{\partial \theta}, D_{\frac{\partial}{\partial s}} \frac{\partial}{\partial \theta} \right\rangle \end{aligned} \tag{6.44}$$

となる．(6.31) で $X = \frac{\partial}{\partial \theta}, Y = \frac{\partial}{\partial s}$ とおくことにより，次の式を得る．

$$\begin{aligned} K &= \frac{\langle D_{\frac{\partial}{\partial \theta}} D_{\frac{\partial}{\partial s}} \frac{\partial}{\partial s} - D_{\frac{\partial}{\partial s}} D_{\frac{\partial}{\partial \theta}} \frac{\partial}{\partial s}, \frac{\partial}{\partial \theta} \rangle}{\langle \frac{\partial}{\partial \theta}, \frac{\partial}{\partial \theta} \rangle \langle \frac{\partial}{\partial s}, \frac{\partial}{\partial s} \rangle - \langle \frac{\partial}{\partial \theta}, \frac{\partial}{\partial s} \rangle^2} \\ &= \frac{\langle -D_{\frac{\partial}{\partial s}} D_{\frac{\partial}{\partial \theta}} \frac{\partial}{\partial s}, \frac{\partial}{\partial \theta} \rangle}{\langle \frac{\partial}{\partial \theta}, \frac{\partial}{\partial \theta} \rangle} \end{aligned} \tag{6.45}$$

(6.43) より $\langle \frac{\partial}{\partial s}, \frac{\partial}{\partial \theta} \rangle = 0$ であるから，$\left\{ \frac{\partial}{\partial s}, \frac{\partial/\partial \theta}{|\partial/\partial \theta|} \right\}$ は正規直交基底となり，(6.21) より $D_{\frac{\partial}{\partial s}} \frac{\partial}{\partial \theta} = D_{\frac{\partial}{\partial \theta}} \frac{\partial}{\partial s}$ であるから，

$$\begin{aligned} D_{\frac{\partial}{\partial s}} \frac{\partial}{\partial \theta} &= \left\langle D_{\frac{\partial}{\partial s}} \frac{\partial}{\partial \theta}, \frac{\partial}{\partial s} \right\rangle \frac{\partial}{\partial s} + \left\langle D_{\frac{\partial}{\partial s}} \frac{\partial}{\partial \theta}, \frac{\partial/\partial \theta}{|\partial/\partial \theta|} \right\rangle \frac{\partial/\partial \theta}{|\partial/\partial \theta|} \\ &= \frac{1}{2} \frac{\partial}{\partial \theta} \left\langle \frac{\partial}{\partial s}, \frac{\partial}{\partial s} \right\rangle \frac{\partial}{\partial s} + \left\langle D_{\frac{\partial}{\partial s}} \frac{\partial}{\partial \theta}, \frac{\partial}{\partial \theta} \right\rangle \frac{\partial/\partial \theta}{\langle \partial/\partial \theta, \partial/\partial \theta \rangle} \\ &= \frac{f'(s)}{2f(s)} \frac{\partial}{\partial \theta} \end{aligned} \tag{6.46}$$

となる．(6.44), (6.45), (6.46) より $f(s)$ は次の式をみたすことがわかる．

$$f''(s) = \frac{f'(s)^2}{2f(s)} - 2K(x_\theta(s))f(s) \tag{6.47}$$

$f(s)$ の式は (6.47) をみたし，かつ $f(0) = 0$, $f'(0) = 0$ をみたすものとして確定する．

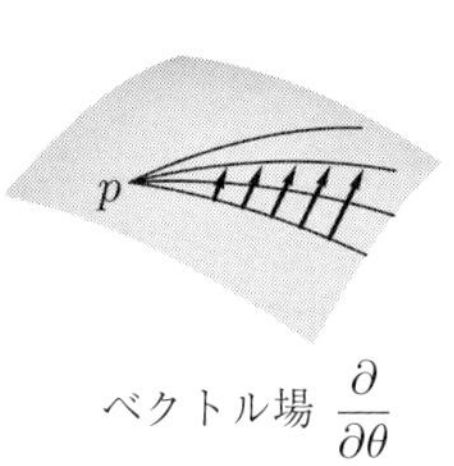

ベクトル場 $\dfrac{\partial}{\partial\theta}$

問 6.14 [88]

(1) いたるところで $K = 0$ であるとき，半径 a の測地円の円周は $2\pi a$ であることを示せ．

(2) いたるところで $K = 1$ であるとき，半径 a の測地円の円周は $2\pi \sin a$ であることを示せ．

(3) いたるところで $K = -1$ であるとき，半径 a の測地円の円周は $2\pi \sinh a$ であることを示せ．

[88] 問 6.9，問 6.10，問 6.11 ではリーマン計量からガウス曲率を計算し，一定であることを示したが，この問の答から，逆にガウス曲率一定の曲面のリーマン計量を表す式を求めることができる．

問 6.15 上で説明したように，$e_1 = \frac{\partial}{\partial s}$, $e_2 = \frac{\partial/\partial\theta}{|\partial/\partial\theta|}$ とおくと，$\{e_1, e_2\}$ は正規直交基底となる．

(1) いたるところで $K = 0$ であるとき，$D_{e_1}e_1 = 0$, $D_{e_1}e_2 = 0$, $D_{e_2}e_1 = \frac{1}{s}e_2$, $D_{e_2}e_2 = -\frac{1}{s}e_1$ であることを示せ．

(2) いたるところで $K = 1$ であるとき，$D_{e_1}e_1 = 0$, $D_{e_1}e_2 = 0$, $D_{e_2}e_1 = \cot s\, e_2$, $D_{e_2}e_2 = -\cot s\, e_1$ であることを示せ．

(3) いたるところで $K = -1$ であるとき，$D_{e_1}e_1 = 0$, $D_{e_1}e_2 = 0$, $D_{e_2}e_1 = \coth s\, e_2$, $D_{e_2}e_2 = -\coth s\, e_1$ であることを示せ．

6.7 抽象的な曲面の等長性

2 つの抽象的な曲面 S, $\tilde{S}$ があるとき，S と $\tilde{S}$ が「同じ形」である，というのはどのように考えたらよいだろうか．もし，これらの曲面がユークリッド空間の中にある曲面であったなら，「同じ形」というのは「合同」（ユークリッド空間の合同変換で移りあう）ということになるだろう．しかし，2 つの抽象的な曲面の間では合同変換による対応は考えられないので，S 上の距離 d と $\tilde{S}$ 上の距離 $\tilde{d}$ を用いて「同じ形」ということを「等長的」という用語を用いて次のように表現する．$S, \tilde{S}$ の間に，次の性質をみたす対応[89] があるとき，S と $\tilde{S}$ は **等長的** である，と言う．「任意の S の点 p, q と，それぞれに対応する $\tilde{S}$ の点 $\tilde{p}, \tilde{q}$ に対して，

$$d(p,q) = \tilde{d}(\tilde{p},\tilde{q}) \tag{6.48}$$

が成り立つ.」

89）正確には全単射写像．

抽象的な曲面の上の距離はリーマン計量（接平面上の内積）を定め，それによって，共変微分，ガウス曲率が順次定まっていくから，次のことが言える．

定理 6.4　2 つの等長的な曲面において対応する点でのガウス曲率は等しい．

逆に,「いたるところでガウス曲率が等しくなるような対応が存在する 2 つの曲面は等長的であるか?」という問題を考えてみよう．この問題の答は一般には「NO」である．例えば，S を 2 次元ユークリッド平面全体, $\tilde{S}$ をその部分集合である $\{(x,y) \mid |x|<1, |y|<1\}$ とするとき，S と $\tilde{S}$ の間には $(x,y) \mapsto (\frac{2}{\pi}\arctan x, \frac{2}{\pi}\arctan y)$ のような全単射写像が存在し，対応する点でのガウス曲率は等しい（いたるところで 0）が，2 点間の距離はこの対応によって保たれない．しかし，ある程度設定を整えれば，§6.6 の議論を利用してガウス曲率の対応から距離の対応を導くことができる．そこで，§6.6 と同じように，S 上に点 p と p を通る 1 本の測地線 $C : x(s)$（s は弧長パラメータ）をとり，$T_0 = x'(0)$ からの回転角が θ $(0 \leq \theta < 2\pi)$ である T_pS の単位ベクトル T_θ に接する測地線を C_θ とする．C_θ の弧長パラメータも s で表すことにし，C_θ の s によるパラメータ表示を $x_\theta(s)$ $(x(0) = p, x'(0) = T_\theta)$ とする．$\tilde{S}$ に対しても同様に，点 $\tilde{p}$ と $\tilde{p}$ を通る測地線 $\tilde{C} : \tilde{x}(s)$（s は弧長パラメータ）をとり，これをもとに測地線 $\tilde{C}_\theta : \tilde{x}_\theta(s)$ を定義する．$x_\theta(s)$ における S のガウス曲率を $K(x_\theta(s))$, $\tilde{x}_\theta(s)$ における $\tilde{S}$ のガウス曲率を $\tilde{K}(\tilde{x}_\theta(s))$ とする．

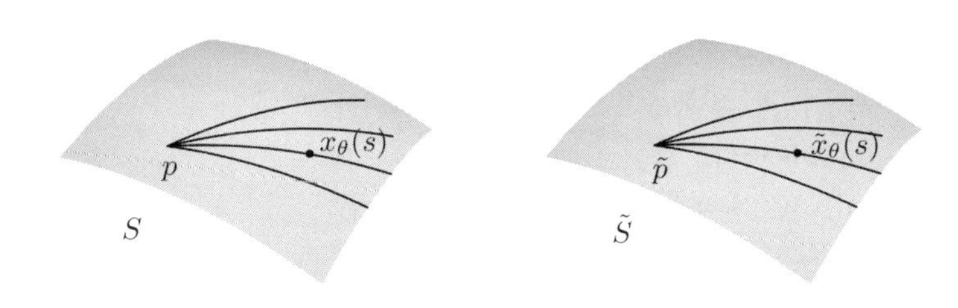

このとき，次の定理が成り立つ．

定理 6.5　もし，すべての s, θ に対して

$$K(x_\theta(s)) = \tilde{K}(\tilde{x}_\theta(s))$$

が成り立つならば，十分小さな正の数 a に対して，S の部分集合 $\{x_\theta(s) \mid 0 \leq s < a, 0 \leq \theta < 2\pi\}$ と $\tilde{S}$ の部分集合 $\{\tilde{x}_\theta(s) \mid 0 \leq s < a, 0 \leq \theta < 2\pi\}$ は等長的である．

証明．　S, $\tilde{S}$ のリーマン計量（接ベクトルの内積）をそれぞれ $\langle\ ,\ \rangle_S$, $\langle\ ,\ \rangle_{\tilde{S}}$ で表すことにする．任意の θ に対して，$f(s) = \langle \frac{\partial}{\partial\theta}(s,\theta), \frac{\partial}{\partial\theta}(s,\theta)\rangle_S$, $\tilde{f}(s) = \langle \frac{\partial}{\partial\theta}(s,\theta), \frac{\partial}{\partial\theta}(s,\theta)\rangle_{\tilde{S}}$ とおく．すると，(6.47) より

$$f''(s) = \frac{f'(s)^2}{2f(s)} - 2K(x_\theta(s))f(s) \tag{6.49}$$

$$\tilde{f}''(s) = \frac{\tilde{f}'(s)^2}{2\tilde{f}(s)} - 2\tilde{K}(\tilde{x}_\theta(s))\tilde{f}(s) \tag{6.50}$$

が成り立つ．仮定より，(6.49) と (6.50) は同じ方程式になる．$f(s,\theta)$, $\tilde{f}(s,\theta)$ はともにこの微分方程式の解で，$(f(0,\theta), f'(0,\theta)) = (0,0)$, $(\tilde{f}(0,\theta), \tilde{f}'(0,\theta)) = (0,0)$ をみたすものであるから，解の一意性により $f(s,\theta) = \tilde{f}(s,\theta)$ がすべての s, θ について成り立つ．すなわち，$\langle \frac{\partial}{\partial\theta}, \frac{\partial}{\partial\theta}\rangle_S = \langle \frac{\partial}{\partial\theta}, \frac{\partial}{\partial\theta}\rangle_{\tilde{S}}$ が成り立つ．$\langle \frac{\partial}{\partial s}, \frac{\partial}{\partial s}\rangle_S = \langle \frac{\partial}{\partial s}, \frac{\partial}{\partial s}\rangle_{\tilde{S}}$ $(= 1)$, $\langle \frac{\partial}{\partial s}, \frac{\partial}{\partial\theta}\rangle_S = \langle \frac{\partial}{\partial s}, \frac{\partial}{\partial\theta}\rangle_{\tilde{S}}$ $(= 0)$ も成り立つので，S の任意の接ベクトル X, Y と，X, Y に対応する $\tilde{S}$ の接ベクトル $\tilde{X}, \tilde{Y}$ [90] の間で

$$\langle X, Y\rangle_S = \langle \tilde{X}, \tilde{Y}\rangle_{\tilde{S}}$$

が成り立つ．したがって，S 内の任意の曲線と，それに対応する $\tilde{S}$ の曲線の長さは等しい．とくに，S の点 q_1 と q_2 の間の距離 $d(q_1, q_2)$ を与える曲線に対応する $\tilde{S}$ の曲線の長さは $d(q_1, q_2)$ で

90) $\frac{dx}{dt} = X$ となる S の曲線 $x(t)$ をとるとき，$x(t)$ に対応する $\tilde{S}$ の曲線 $\tilde{x}(t)$ の接ベクトル $\frac{d\tilde{x}}{dt} = \tilde{X}$ を「X に対応するベクトル」と呼ぶ．

ある．これにより，q_1，q_2 に対応する $\tilde{S}$ の点をそれぞれ $\tilde{q}_1$，$\tilde{q}_2$ とするとき，$\tilde{d}(\tilde{q}_1, \tilde{q}_2) \leq d(q_1, q_2)$ であることがわかる．もし，$\tilde{d}(\tilde{q}_1, \tilde{q}_2) < d(q_1, q_2)$ であれば，それは $\tilde{q}_1$ と $\tilde{q}_2$ を結ぶ曲線で長さが $d(q_1, q_2)$ より短いものがあることを意味するが，この曲線に対応する曲線は S には存在しない（もし存在すれば q_1 と q_2 を結ぶ曲線で長さが $d(q_1, q_2)$ より短いものが存在することになってしまうから）．このようなことが起こる可能性はないことはない[91]が，q_1 と q_2 が十分に近ければ起こることはなく，$d(q_1, q_2) = \tilde{d}(\tilde{q}_1, \tilde{q}_2)$ が成り立つ．よって，a を十分に小さくとれば，定理の主張が成り立つ． □

91）下の例 6.1 で解説．

例 6.1　E^3 内で，

$$S = \{(u_1, 0, u_2) \mid -\pi < u_1 \leq \pi, -1 < u_2 < 1\}$$

$$\tilde{S} = \{(\cos \tilde{u}_1, \sin \tilde{u}_1, \tilde{u}_2) \mid -\pi < \tilde{u}_1 \leq \pi, -1 < \tilde{u}_2 < 1\}$$

で表される曲面を考える．S と $\tilde{S}$ のガウス曲率はともに 0 である．したがって，この 2 つは局所的には[92]等長的であり，S の点 $(u_1, 0, u_2)$ に $\tilde{S}$ の点 $(\cos u_1, \sin u_1, u_2)$ を対応させるとき，S の接ベクトル X, Y とそれらに対応する $\tilde{S}$ の接ベクトル $\tilde{X}, \tilde{Y}$ の間で $\langle X, Y \rangle_S = \langle \tilde{X}, \tilde{Y} \rangle_{\tilde{S}}$ が成り立つ．しかし，大域的には等長的ではない．$q_1 = \left(-\frac{3\pi}{4}, 0, 0\right)$, $q_2 = \left(\frac{3\pi}{4}, 0, 0\right)$ とすると，q_1，q_2 には $\tilde{q}_1 = \left(\cos\left(-\frac{3\pi}{4}\right), \sin\left(-\frac{3\pi}{4}\right), 0\right)$, $\tilde{q}_2 = \left(\cos\frac{3\pi}{4}, \sin\frac{3\pi}{4}, 0\right)$ がそれぞれ対応する．$d(q_1, q_2) = \frac{3\pi}{2}$ であり，$\tilde{q}_1$ と $\tilde{q}_2$ を結ぶ測地線にも長さが $\frac{3\pi}{2}$ のものがあるが，$\tilde{S}$ 上にはこれより短い長さ $\frac{\pi}{2}$ の測地線が存在し，$\tilde{d}(\tilde{q}_1, \tilde{q}_2) = \frac{\pi}{2}$ である．この短い測地線に対応する曲線は S にはない．

92）「任意の点について，十分小さな近傍をとれば」という意味である．

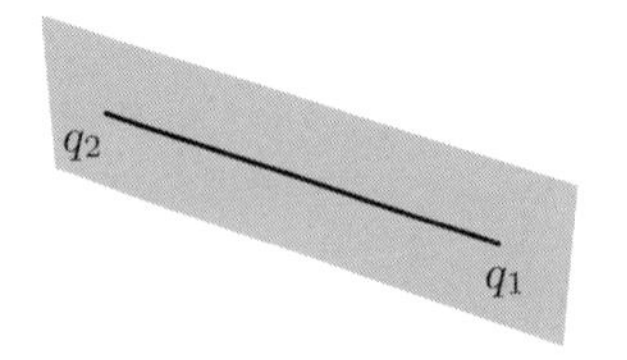

定理 6.5 で，とくにガウス曲率が一定である場合を考えると，次の定理を得る．

定理 6.6　抽象的な曲面 S 上のすべての点でガウス曲率が 0 であるならば，S は局所的には平面の一部に等長的である[93]．

定理 6.7　抽象的な曲面 S 上のすべての点でガウス曲率が正の定数 c であるならば，S は局所的には半径 $1/\sqrt{c}$ の球面の一部に等長的である．

ガウス曲率が 0 である場合には平面が，正の定数である場合には球面が「モデル」としてあるが，負の定数である場合のモデルとなる曲面をここで紹介しよう．

例 6.2　(u_1, u_2) 平面内の上半平面 $\{(u_1, u_2) \mid u_2 > 0\}$ において，

$$g_{11} = \frac{1}{u_2^2}, \quad g_{12} = g_{21} = 0, \quad g_{22} = \frac{1}{u_2^2}$$

でリーマン計量を与えられた曲面 S のガウス曲率は -1 で一定である（問 6.12）．さらに，この S は「完備」である．完備というのは，S 上の点列 $\{p_i\}$ $(i = 1, 2, \cdots)$ が $d(p_i, p_j) \to 0$ $(i, j \to \infty)$ をみたすとき（コーシー列であるとき），$\{p_i\}$ は必ず収束して，$\lim_{i\to\infty} p_i$ もまた S の点になっていることである[94]が，これは「S のどの測地線についても，弧長パラメータ s によって $x(s)$ と表したとき，$-\infty < s < \infty$ で $x(s)$ が定義される」[95]ということと同値であることが知られている[96]．ガウス曲率が負で一定で，完備であり，さらに単連結[97]である曲面は **双曲平面**と呼ばれる．双曲平面を具体的に表す方法はいくつか知られている．この例は「ポアンカレ[98]の上半平面モデル」と呼ばれている．このモデルでは，測地線は u_1 軸に垂直に交わる半円か半直線になる．

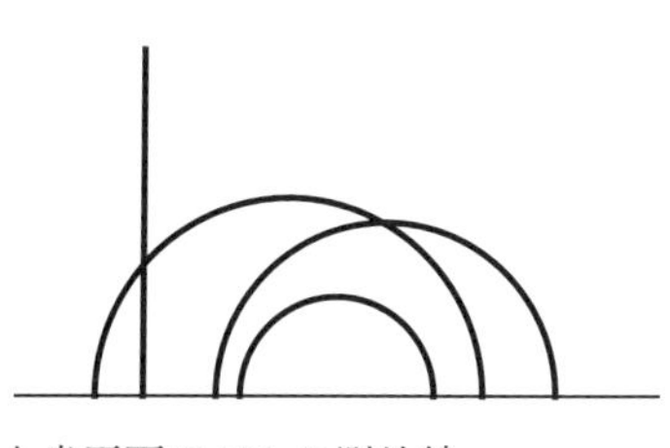

上半平面モデルの測地線

[93] これにより，与えられた曲面のガウス曲率を計算して，いたるところで 0 であることがわかったとすると，少なくとも局所的には，「平面への等長的な対応があるはずだ」ということがわかる．これは，「実際に等長的対応を構成しない限りわからない」という状態に比べるとはるかに便利である．

[94] 第 5 章の説明と同様．

[95] つまり，測地線に沿ってどこまでも行くことができる．

[96] 「ホップ・リナウ（Hopf–Rinow）の定理」(1931) による．

[97] S 上の任意の閉曲線が 1 点に連続的に変形できること．球面も単連結であるが，ドーナツ面は単連結ではない．

[98] Henri Poincaré (1854–1912).

問 6.16 例 6.2 の上半平面 $\{(u_1,u_2)\,|\,u_2>0\}$ において，$(u_1,u_2)=(a+b\tanh s, \mathrm{sech} s)$（$a,b$ は定数）で表された曲線を考える．

(1) この曲線が u_1 軸に垂直に交わる半円であることを示せ．

(2) s は弧長パラメータであることを示せ．

(3) この曲線は測地線であることを示せ．

(4) 両端点に近づくとき，$s\to\infty$, $s\to-\infty$ となることを示せ[99]．

99) つまり，u_1 軸は「無限の彼方」にある．

例 6.3 (u_1,u_2) 平面内の単位円板 $\{(u_1,u_2)\mid u_1^2+u_2^2<1\}$ において，

$$g_{11}=\frac{4}{(1-u_1^2-u_2^2)^2},\quad g_{12}=g_{21}=0,\quad g_{22}=\frac{4}{(1-u_1^2-u_2^2)^2}$$

でリーマン計量を与えられた曲面 S のガウス曲率は -1 で一定である（問 6.13）．この曲面も完備である．この例は，双曲平面に対する「ポアンカレの円板モデル」と呼ばれている．このモデルでは，測地線は外円周に垂直に交わる半円か直線分になる[100]．

100) 円板で表されてはいるが，円板の外周は無限の彼方にある．

円板モデルの測地線

6.8 ガウス曲率が一定である 2 次元リーマン多様体

S をガウス曲率がいたるところで 0 である 2 次元リーマン多様体とする．定理 6.6 で示したように，S は局所的にはユークリッド平面に等長的である．しかし，例 6.1 で見たように，範囲が広くなり大域的に見るようになると必ずしもユークリッド平面と同じ性質をもつとは言えない．ここでは例 6.1 の「円柱面」を 3 次元ユークリッド空間内の曲面として見るのではなく，「内在的に」見る方法を考えよう．下図は，ユークリッド平面の部分集合 $\{(u_1,u_2)\mid -\pi\le u_1\le\pi, -1<u_2<1\}$ である．

3 次元ユークリッド空間内では，直線 $u_1 = -\pi$ と直線 $u_1 = \pi$ が重なるように丸めることによって円柱面を作ることができる．そのとき，この平面上の 2 点 $(-\pi, u_2)$ と (π, u_2) は円柱面では同じ点となる．

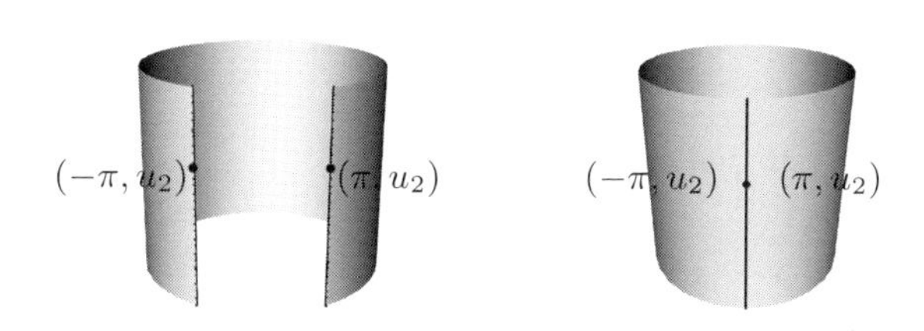

平面を「丸める」という操作は 3 次元ユークリッド空間の中でなければできないが，平面上の異なる点を同じ点と見なす，という操作であれば平面の上だけで内在的に行うことができる．「$(-\pi, u_2)$ と (π, u_2) を同じ点と見なす」という考え方を平面全体に広げて「(u_1, u_2) と $(u_1 + 2\pi, u_2)$ を同じ点と見なす」としても同じように円柱面を作ることができる[101)]．

101) こうすると「継ぎ目」がなくなるので，すべての点で局所座標をとることができる，という長所がある．

ここで，「同じ点と見なす」という操作は平面上に一つの「同値関係」を設定することであり，円柱面はその同値類の集合（商空間）として現れる，というように解釈できることに注目しよう．そうすると，局所的には等長的であるが大域的には性質の異なるリーマン多様体をいろいろ構成することができる．その前に，同値関係，同値類，商空間について簡単に復習しておこう．

集合 A の任意の 2 つの要素 a, b がある「関係」$\sim$ で結びつけられていて，この $\sim$ が次の 3 条件をみたすとき，$\sim$ は「同値関係」と呼ばれる．

(1) $a \sim a$

(2) $a \sim b$ ならば $b \sim a$

(3) $a \sim b, b \sim c$ ならば $a \sim c$

a と同値関係にある要素全体の集合を a の同値類と言い，$[a]$ で表す．同値類全体の集合 $\bar{A}$ を同値関係 $\sim$ に関する商空間と言う．

さて，ユークリッド平面 $E^2 = \{(u_1, u_2) \mid -\infty < u_1, u_2 < \infty\}$ に次の同値関係を設定する．

「$(u_1, u_2) \sim (u'_1, u'_2)$」とは「$u_2 = u'_2$, かつ $u'_1 - u_1 = 2n\pi$ をみたす整数 n が存在すること」とする．

この同値関係に関する商空間を S とする．S の局所座標系としては E^2 の局所座標系をそのまま使うことができ，S は微分可能多様体となる．また，S には，E^2 の距離 $|a-b|$ $(a, b \in E^2)$ を利用して，

$$d(p, q) = \min\{\, |a-b| \mid [a] = p,\ [b] = q \,\} \quad (p, q \in S)$$

により距離 d を定義することができ，S はリーマン多様体となる．

問 6.17

(1) $a = (0, 0)$, $b = (\frac{\pi}{2}, 0)$, $p = [a]$, $q = [b]$ とするとき，$d(p, q)$ を求めよ．

(2) $a = (0, 0)$, $b = (\frac{3\pi}{2}, 0)$, $p = [a]$, $q = [b]$ とするとき，$d(p, q)$ を求めよ．

(3) $a = (-10, 0)$, $b = (10, 10)$, $p = [a]$, $q = [b]$ とするとき，$d(p, q)$ を求めよ．

問 6.17　答
(1) $\frac{\pi}{2}$, (2) $\frac{\pi}{2}$,
(3) $\sqrt{(20-6\pi)^2 + 100}$

E^2 内で，線分 $C = \{(s, 0) \mid -\pi \leq s \leq \pi\}$ は測地線であり，点 $(-\pi, 0)$ と点 $(\pi, 0)$ を結ぶ最短線である．これに対して $\bar{C} = \{[(s, 0)] \mid -\pi \leq s \leq \pi\}$ は S 内の測地線ではあるが，閉曲線である．$\bar{C}$ は，長さが π を越えない範囲では最短線であるが，それを越えると最短線にはならない．

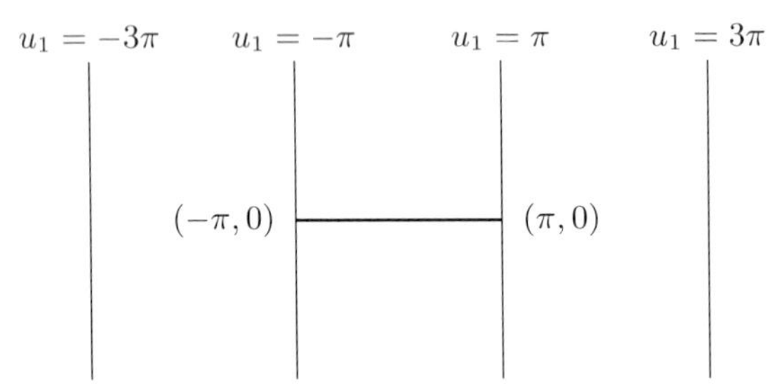

図の線分は E^2 内では最短線であるが，S の曲線として見ると最短線ではない．

このように，ユークリッド平面に適当な同値関係を導入することにより，実際に3次元ユークリッド空間の中で「丸める」ことをせずにリーマン多様体としての円柱面を取り扱うことができるようになる．

例 6.4　ユークリッド平面 $E^2 = \{(u_1, u_2) \mid -\infty < u_1, u_2 < \infty\}$ に次の同値関係を導入してみよう.

> 「$(u_1, u_2) \sim (u_1', u_2')$」とは「$u_1' - u_1 = 2m\pi$ をみたす整数 m が存在し，かつ，$u_2' - u_2 = 2n\pi$ をみたす整数 n が存在すること」とする.

この同値関係に関する商空間を S とする．$p, q \in S$ に対して

$$d(p,q) = \min\{\, |a-b| \mid [a] = p,\ [b] = q\,\}$$

とすると，d は S に距離を定義する．この距離を与えたとき，S は局所的には E^2 と等長的な，ガウス曲率が 0 である 2 次元リーマン多様体になるが，全体としては「トーラス (torus)」（ドーナツ面）と同じ位相的性質をもつ閉曲面である．この曲面は 3 次元ユークリッド空間内に実現することができないが，そのことと 2 次元リーマン多様体としての実在は別の問題である.

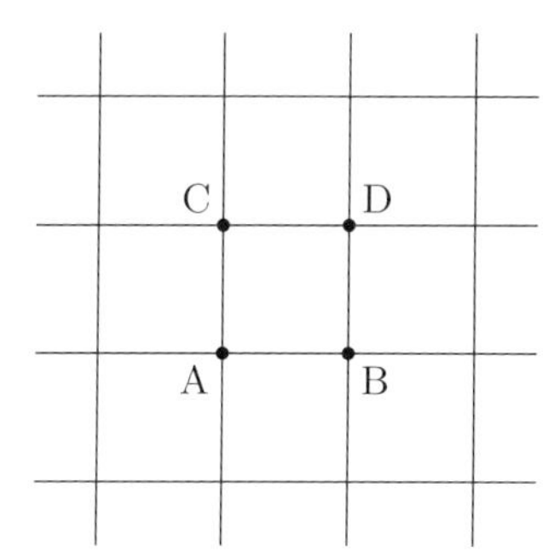

A : (u_1, u_2), B : $(u_1 + 2\pi, u_2)$, C : $(u_1, u_2 + 2\pi)$, D : $(u_1 + 2\pi, u_2 + 2\pi)$
（A $\sim$ B $\sim$ C $\sim$ D. S 上では AB と CD，AC と BD が「貼り合される」.）

位相的にはこのような形であるが，リーマン多様体としてはこれとは異なる.

問 6.18 例 6.4 のリーマン多様体 S の 2 点間の距離について次の問に答えよ.

(1) $a = (0,0)$, $b = (\pi, \pi)$, $p = [a]$, $q = [b]$ とするとき，$d(p,q)$ を求めよ.

(2) $a = (0,0)$, $b = (\frac{3\pi}{2}, \frac{3\pi}{2})$, $p = [a]$, $q = [b]$ とするとき，$d(p,q)$ を求めよ.

(3) $a = (0,0)$, $b = (4,5)$, $p = [a]$, $q = [b]$ とするとき，$d(p,q)$ を求めよ.

問 6.18　答
(1) $\sqrt{2}\pi$, (2) $\frac{\sqrt{2}\pi}{2}$,
(3) $\sqrt{(2\pi-4)^2 + (2\pi-5)^2}$

問 6.19 例 6.4 の S の測地線について次の問に答えよ．

(1) $C = \{\,(s,0) \mid -\infty < s < \infty\,\}$, $\bar{C} = \{\,[(s,0)] \mid -\infty < t < \infty\,\}$ とするとき，$\bar{C}$ は 1 周の長さが 2π の閉測地線であることを示せ．

(2) $C = \{\,(0,s) \mid -\infty < s < \infty\,\}$, $\bar{C} = \{\,[(0,s)] \mid -\infty < s < \infty\,\}$ とするとき，$\bar{C}$ は 1 周の長さが 2π の閉測地線であることを示せ．

(3) $C = \{\,(t,t) \mid -\infty < t < \infty\,\}$, $\bar{C} = \{\,[(t,t)] \mid -\infty < t < \infty\,\}$ とするとき，$\bar{C}$ は 1 周の長さが $2\sqrt{2}\pi$ の閉測地線であることを示せ．

(4) m,n を互いに素な自然数として，$C = \{\,(ms,nt) \mid -\infty < t < \infty\,\}$, $\bar{C} = \{\,[(mt,nt)] \mid -\infty < t < \infty\,\}$ とするとき，$\bar{C}$ は 1 周の長さが $2\sqrt{m^2+n^2}\pi$ の閉測地線であることを示せ．

(5) α を無理数として，$C = \{\,(t,\alpha t) \mid -\infty < t < \infty\,\}$, $\bar{C} = \{\,[(t,\alpha t)] \mid -\infty < t < \infty\,\}$ とするとき，$\bar{C}$ は閉じていない測地線であることを示せ．

例 6.4 で，もし S 上にある点が下図で示された A を中心とする 1 辺の長さが π の正方形の内部でしか動けないのであれば，その点は，ユークリッド平面内の 1 辺の長さが π の正方形の中にある場合とまったく同じ状態にある，と言える．擬人的な言い方をすれば，自分が S の一部にいるのか，ユークリッド平面の一部にいるのか，気がつく術はない．しかし，この正方形から外へ足を踏み出した瞬間に状況は一変する．ユークリッド平面の上にいる場合ならばいくらでも A から離れていくことができるが，S 上にあるときには A から $\sqrt{2}\pi$ 以上離れることはできない．

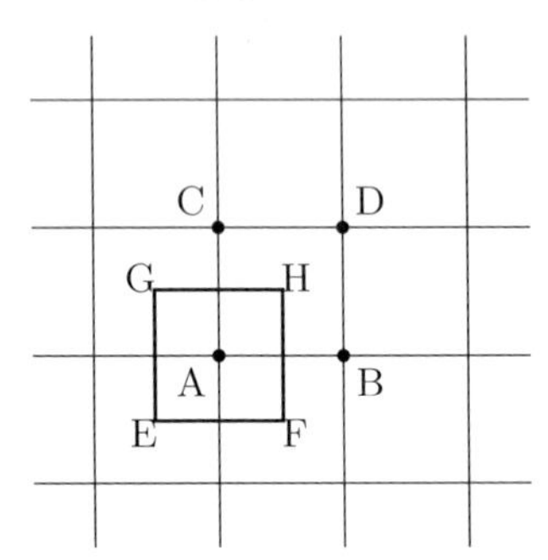

A ∼ B ∼ C ∼ D
E,F,G,H（S 上では同一点）が A から最も遠い点

例 6.5　ユークリッド平面 $E^2 = \{(u_1,u_2) \mid -\infty < u_1,u_2 < \infty\}$ に次の同値関係を導入し，この同値関係に関する商空間を S とする．

「$(u_1,u_2) \sim (u_1',u_2')$」とは「$u_1' - u_1 = 2m\pi$ かつ $u_2' - (-1)^m u_2 = 2n\pi$ をみたす整数 m,n が存在すること」とする．

$p, q \in S$ に対して

$$d(p,q) = \min\{\, |a-b| \mid [a]=p,\ [b]=q \,\}$$

とすることにより，S に距離 d を与えると，S は局所的には E^2 と等長的なガウス曲率が 0 である 2 次元リーマン多様体になるが，この曲面では下図の e_1 と e_1' は同じベクトルとなり，$\{e_1, e_2\}$ によって定まる曲面の向きと $\{e_1', e_2\}$ によって定まる曲面の向きの区別がつかない．これは「向きづけ不可能な」曲面の例になっており，このような曲面が 3 次元ユークリッド空間内にあったとすると，「表」と「裏」の区別をすることができない．この多様体は「クライン[102] 管」と呼ばれている．この世界に住む者にとっては，「時計回り」「進行方向に向って右側」などの言葉は意味をもたない．

[102] Felix Klein (1849–1925).

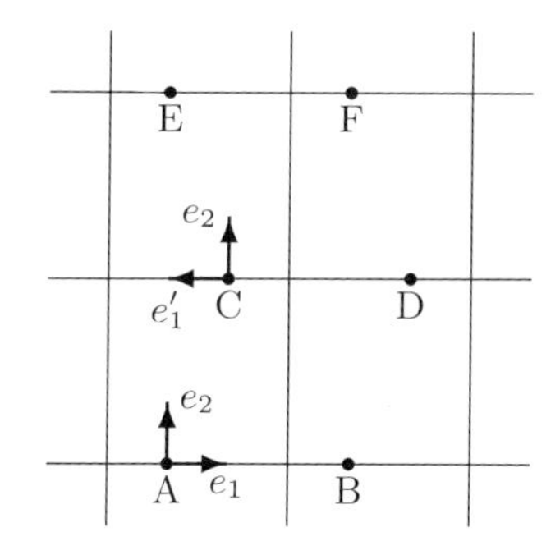

A : (u_1, u_2), B : $(u_1 + 2\pi, u_2)$, C : $(-u_1 + 2\pi, u_2 + 2\pi)$,
D : $(-u_1 + 4\pi, u_2 + 2\pi)$, E : $(u_1, u_2 + 4\pi)$, F : $(u_1 + 2\pi, u_2 + 4\pi)$
(A $\sim$ B $\sim$ C $\sim$ D $\sim$ E $\sim$ F)

問 6.20 「$u_1' - u_1 = 2m\pi$ かつ $u_2' - (-1)^m u_2 = 2n\pi$ をみたす整数 m, n が存在すること」がユークリッド平面の点に対して同値関係を定めることを示せ．

問 6.21

(1) α を定数とするとき，「$u_1' - u_1 = m\cos\alpha$ かつ $u_2' - u_2 = n\sin\alpha$ をみたす整数 m, n が存在すること」はユークリッド平面の点に対して同値関係を定めることを示せ．

(2) (1) の同値関係による E^2 の商空間を S とする．S 上の任意の点について，最も遠い点までの距離は $\frac{1}{2\cos\alpha}$ であることを示せ．

例 6.6 3 次元ユークリッド空間内の単位球面 $\{(x,y,z) \mid x^2+y^2+z^2=1\}$ に等長的な 2 次元ユークリッド多様体を S^2 で表すことにする（S^2 自身は抽象的な多様体として考えているのであり，ユークリッド空間内にある曲面として考えているわけではない）．S^2 の各点 ξ に対して，ξ からの距離が π であるような点（S^2 内での最遠点）はただ一つに定まるので，この点を $\tilde{\xi}$ で表すことにする．球面がユークリッド空間内にあるときには，$\tilde{\xi}$ とは球面の中心について ξ と対称な位置にある点のことである．S^2 に次の同値関係を導入し，この同値関係に関する商空間を S とする．

> $\xi, \eta \in S^2$ に対して「$\xi \sim \eta$」とは「$\eta = \tilde{\xi}$ が成り立つこと」とする．

S^2 の距離を d_{S^2} で表すとき，$p, q \in S$ に対して，

$$d(p,q) = \min\{\, d_{S^2}(\xi,\eta) \mid [\xi]=p,\ [\eta]=q \,\}$$

とすることにより S に距離 d を与えると，S は局所的には S^2 と等長的なガウス曲率が 1 である 2 次元リーマン多様体になる．この世界に住む者にとって，いま自分のいる位置を中心として距離が $\frac{\pi}{2}$ より小さい範囲でこの曲面を調べる限り，この世界が通常の単位球面 S^2 と異なるものであると知る術はない．しかし，それを越えると，例えば $\frac{\pi}{2}$ だけ離れた点へ行く最短経路が複数ある，というような S^2 では見られないような現象が起こり，自分のいる世界が S^2 ではないことがわかる．さらに，S の測地線は S^2 と同じくすべて閉曲線となるが，その長さは 2π ではなく π である．また，S は「向きづけ不可能」という点も S^2 とは異なる．このことを，E^3 内の球面ではあるが，下図を用いて説明する．下図で ξ と $\tilde{\xi}$ は中心について対称な位置にあり，S の点としては同一のものである．ξ から e_1 の方向へ動くと，中心について対称な点は $\tilde{\xi}$ から $\tilde{e}_1$ の方向へ動く．したがって，e_1 と $\tilde{e}_1$ は S の接ベクトルとしては同じものである．また，ξ から e_2 の方向へ動くと，中心について対称な点は $\tilde{\xi}$ から $\tilde{e}_2$ の方向へ動くから，e_2 と $\tilde{e}_2$ は S 上では同じものである．ところが，$\{e_1, e_2\}$ と $\{\tilde{e}_1, \tilde{e}_2\}$ は球面上では向きが反対である．これは S 上では方向を定めることができないことを示している．この例の多様体は「射影平面」と呼ばれている[103]．

103）通常のユークリッド平面では異なる 2 直線は平行な場合を除き 1 点で交わるが，平行な場合も「無限遠点で交わる」と考えることによって展開される幾何学があり「射影幾何学」と呼ばれている．ユークリッド平面に無限遠点を付け加えてできる空間はこの例の S と位相的に同じものである．

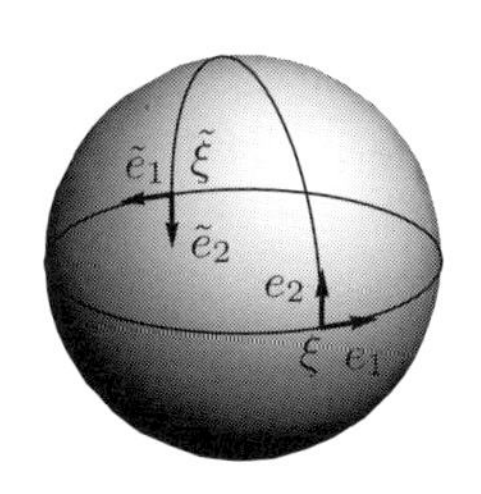

上で述べた例と同じように，双曲平面上に適当な同値関係を設定し，その商空間を考えることによってガウス曲率が負の定数であるような2次元リーマン多様体をいろいろ作ることができる．

6.9 2次元リーマン多様体内の曲線

S を抽象的な曲面（2次元リーマン多様体）とし，C を S 内の曲線とする．C を弧長パラメータで表したものを $x(s)$ とする．C の接ベクトル T は，S の局所座標 (u_1, u_2) を用いると，

$$T = \frac{du_1}{ds}\frac{\partial}{\partial u_1} + \frac{du_2}{ds}\frac{\partial}{\partial u_2}$$

で表されるベクトル[104]であるが，s が弧長パラメータであるときには $|T| = 1$ となる．S の共変微分 D を用いて，C の曲率 κ を次の式で定義する．

$$\kappa = |D_T T|$$

により定義する[105]．

104) $\frac{d}{ds}$ と表すこともある．

105) ユークリッド平面内の曲線については「符号つきの曲率」を定義したが，これはユークリッド平面が「向きづけ可能」であるからである．向きづけ可能であるならば，例えば「$\{T, N\}$ がこの順で正の方向になる」というように指定することにより，曲線の法方向の単位ベクトル N を一意的に定めることができる．この場合は $\langle D_T T, N\rangle$ により符号つきの曲率を定義することができるが，向きづけ不可能な曲面ではそのようなことはできない．

例 6.7 単位球面上の半径 r $(0 < r < \pi)$ の小円の曲率を考える．小円は§6.6で紹介した測地円（定点からの距離が一定である点の集合）であり，問6.15におけるベクトル e_2 は測地円の単位接ベクトルを与えているから，小円の曲率 $\kappa = |D_{e_2} e_2|$ は $\cot r$ であることがわかる．$r = \frac{\pi}{2}$ のとき値が0となるのは小円が大円（測地線）となることに対応している．

例 6.8 双曲平面において，半径 r の測地円の曲率は $\coth r$ であることが問6.15の結果よりわかる．$1 < \coth r$ であるから，球面のようにある半径で測地円が測地線となることはなく，ユークリッド

平面のように半径を限りなく大きくしたとき測地線に近づくこともない．$r \to \infty$ として得られる曲線は「ホロ円 (horocircle)」と呼ばれる．

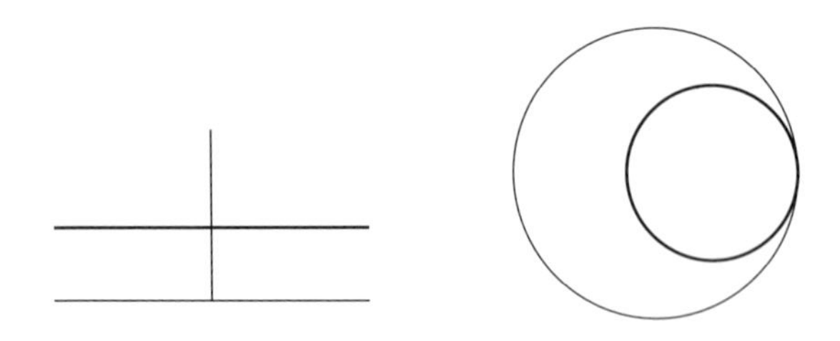

上半平面モデルにおけるホロ円　円板モデルにおけるホロ円

例 6.9　E^3 内の曲線とする C のガウス写像の像は単位球面 S^2 上の曲線を定義する．この曲線の性質について考えてみよう．C の弧長パラメータ s による表示を $\mathbf{x}(s)$ とするとき，$\mathbf{T}(s) = d\mathbf{x}/ds$ は単位接ベクトルとなるが，E^3 の平行移動によって始点を原点に移すことにより，$\mathbf{T}(s)$ を S^2 の点として考えるのがガウス写像である．$\kappa(s)$ を C の曲率とすると，

$$\left|\frac{d\mathbf{T}}{ds}\right| = \kappa(s)$$

であるから，S^2 の曲線としての $\mathbf{T}$ の線素（s の微小な変化に対応する曲線の長さ）は $\kappa(s)ds$ である．$\mathbf{T}$ に垂直な単位ベクトル $\mathbf{N}$ を用いて

$$\frac{d\mathbf{T}}{ds} = \kappa(s)\mathbf{N}(s)$$

と表すと，$\mathbf{N}(s)$ は S^2 の曲線 $\mathbf{T}(s)$ の単位接ベクトルとなる．$\mathbf{B}(s) = \mathbf{T}(s) \times \mathbf{N}(s)$ とおくと，$\mathbf{B}$ は S^2 における $\mathbf{T}(s)$ の単位法ベクトルになる．$\mathbf{T}(s)$ の S^2 内の曲線としての「向きづけられた」曲率 $\bar{\kappa}$ は

$$\begin{aligned}\bar{\kappa} &= \left\langle \frac{1}{\kappa(s)}\frac{d\mathbf{N}}{ds}, \mathbf{B}(s) \right\rangle \\ &= \frac{\tau(s)}{\kappa(s)}\end{aligned}$$

によって与えられる．「空間曲線論の基本定理」（定理 3.3）は，2 つの関数 $\kappa(s)$ と $\tau(s)$ を与えたとして，それらを曲率，捩率とするよ

うな空間曲線の存在を示す定理である．定理 3.3 の証明は連立微分方程式の解の存在に頼ったが，次のように考えることもできる．$\kappa(s)$ と $\tau(s)$ が与えられると，$\kappa(s)ds$ を線素，$\tau(s)/\kappa(s)$ を曲率とするような S^2 内の曲線を構成することができる．この曲線を $\mathbf{T}(s)$ とし，

$$\mathbf{x}(s) = \int \mathbf{T}(s)\,ds$$

とすると，$\kappa(s)$ を曲率，$\tau(s)$ を捩率にもつ空間曲線 $\mathbf{x}(s)$ を構成することができる．

問 6.22 （問 3.6 と同じ問題） E^3 内の曲線で，曲率が a で一定，捩率が b で一定であるものは次の式で表される「らせん形」の曲線[106]（またはその一部）に合同であることを示せ．

$$(x(t), y(t), z(t)) = \left(\frac{a\cos(\sqrt{a^2+b^2}\,t)}{a^2+b^2}, \frac{a\sin(\sqrt{a^2+b^2}\,t)}{a^2+b^2}, \frac{b\,t}{\sqrt{a^2+b^2}} \right)$$

106)

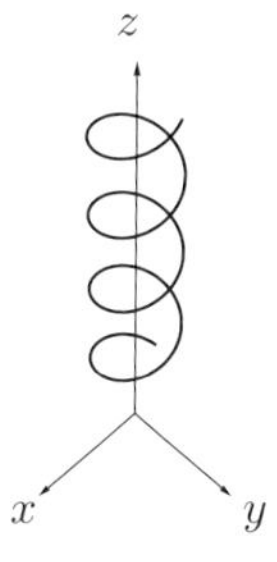

7　3次元リーマン多様体

第6章では，曲面の性質を，ユークリッド空間内におくことを前提とせずに，内在的に定義できる量をもとに調べ，曲面を2次元リーマン多様体と見る考え方にたどり着いたが，この考え方に従って3次元リーマン多様体を定義し，それはどのような世界であるかのぞいてみることにしよう．われわれの住む世界がもしユークリッド空間ではなく曲がっていたら，そんなことを考えながら読み進むと面白いかもしれない．「多様体への道」は目的地に近づいて行く．

7.1 3次元リーマン多様体

第6章で考察した「抽象的な曲面」あるいは「2次元リーマン多様体」にならって3次元リーマン多様体を定義しよう．

まず，3次元位相多様体を定義する．3次元位相多様体 M は位相が与えられた集合で，次の性質をもつ開部分集合 $M_1, M_2, \ldots$ が存在するようなものである．

(1) $M = \cup M_i$

(2) 各 M_i と $\mathbf{R}^3$ の開集合 U_i の間に連続な全単射が存在する．

M_i の要素（点）p を，対応する U_i の点の座標 (u_1, u_2, u_3) を用いて表すとき，(u_1, u_2, u_3) を M の局所座標 と言う．$M_i \cap M_j \neq \emptyset$ のとき，$M_i \cap M_j$ の点に対しては，U_i との対応から定まる局所座標 (u_1, u_2, u_3) と U_j との対応から定まる局所座標 (v_1, v_2, v_3) が与えられる．このとき，v_1, v_2, v_3 はそれぞれ u_1, u_2, u_3 を変数とする関数として表されるが，これらの関数が偏微分可能で

$$\det \begin{pmatrix} \partial v_1/\partial u_1 & \partial v_1/\partial u_2 & \partial v_1/\partial u_3 \\ \partial v_2/\partial u_1 & \partial v_2/\partial u_2 & \partial v_2/\partial u_3 \\ \partial v_3/\partial u_1 & \partial v_3/\partial u_2 & \partial v_3/\partial u_3 \end{pmatrix} \neq 0 \tag{7.1}$$

がいたるところで成り立っているとする．このような局所座標系が与えられるとき，M は3次元微分可能多様体と呼ばれる．M（あるいはその開部分集合）上で定義された実数値関数 f は局所座標を用いて $f(u_1, u_2, u_3)$ という3変数関数として表すことができる．ここで f が偏微分可能であると仮定する．$x(t)$ を M 内の曲線（実数の開区間から M への連続な写像）とし，$x(t)$ に対応する局所座標を $(u_1(t), u_2(t), u_3(t))$ とする．$u_1(t)$, $u_2(t)$, $u_3(t)$ は微分可能であると仮定する．$(u_1(t), u_2(t), u_3(t))$ と $f(u_1, u_2, u_3)$ の合成関数 $f(u_1(t), u_2(t), u_3(t))$ は t を変数とする1変数関数であるが，偏導関数 $\partial f/\partial u_1$, $\partial f/\partial u_2$, $\partial f/\partial u_3$ が連続であるならば次の式が成り立つ．

$$\frac{d}{dt} f(u_1(t), u_2(t), u_3(t)) = \frac{du_1}{dt}\frac{\partial f}{\partial u_1} + \frac{du_2}{dt}\frac{\partial f}{\partial u_2} + \frac{du_3}{dt}\frac{\partial f}{\partial u_3} \tag{7.2}$$

M 内の点 p と，3つの実数の組 (ξ_1, ξ_2, ξ_3) に対して，

$$\xi_1 \frac{\partial}{\partial u_1} + \xi_2 \frac{\partial}{\partial u_2} + \xi_3 \frac{\partial}{\partial u_3} \tag{7.3}$$

によって定まる微分作用素を接ベクトルと言う．$(u_1(0), u_2(0), u_3(0)) = (u_1(p), u_2(p), u_3(p))$，$\left(\frac{du_1}{dt}(0), \frac{du_2}{dt}(0), \frac{du_3}{dt}(0)\right) = (\xi_1, \xi_2, \xi_3)$ をみたす曲線 $x(t)$ をとると，(7.2) より

$$\frac{d}{dt} f(u_1(t), u_2(t), u_3(t))\bigg|_{t=0} = \left(\xi_1 \frac{\partial}{\partial u_1} + \xi_2 \frac{\partial}{\partial u_2} + \xi_3 \frac{\partial}{\partial u_3}\right) f$$

が成り立つ．左辺の値は，$(u_1(0), u_2(0), u_3(0)) = (u_1(p), u_2(p), u_3(p))$，$\left(\frac{du_1}{dt}(0), \frac{du_2}{dt}(0), \frac{du_3}{dt}(0)\right) = (\xi_1, \xi_2, \xi_3)$ をみたすならば，曲線 $x(t)$ の選び方によらない．

$$\frac{du_1}{dt} \frac{\partial}{\partial u_1} + \frac{du_2}{dt} \frac{\partial}{\partial u_2} + \frac{du_3}{dt} \frac{\partial}{\partial u_3}$$

を M 内の曲線 $x(t)$ の接ベクトルと言い，dx/dt で表す．関数 f は $M_i \cap M_j$ 内では，局所座標系 (u_1, u_2, u_3) を用いれば $f(u_1, u_2, u_3)$ と表され，(v_1, v_2, v_3) を用いれば $f(v_1, v_2, v_3)$ と表される．このとき，

$$\begin{aligned}
\frac{\partial f}{\partial u_1} &= \frac{\partial f}{\partial v_1} \frac{\partial v_1}{\partial u_1} + \frac{\partial f}{\partial v_2} \frac{\partial v_2}{\partial u_1} + \frac{\partial f}{\partial v_3} \frac{\partial v_3}{\partial u_1} \\
\frac{\partial f}{\partial u_2} &= \frac{\partial f}{\partial v_1} \frac{\partial v_1}{\partial u_2} + \frac{\partial f}{\partial v_2} \frac{\partial v_2}{\partial u_2} + \frac{\partial f}{\partial v_3} \frac{\partial v_3}{\partial u_2} \\
\frac{\partial f}{\partial u_3} &= \frac{\partial f}{\partial v_1} \frac{\partial v_1}{\partial u_3} + \frac{\partial f}{\partial v_2} \frac{\partial v_2}{\partial u_3} + \frac{\partial f}{\partial v_3} \frac{\partial v_3}{\partial u_3}
\end{aligned}$$

が成り立つが，これは接ベクトルについて次の式が成り立つことを意味する．

$$\begin{aligned}
\frac{\partial}{\partial u_1} &= \frac{\partial v_1}{\partial u_1} \frac{\partial}{\partial v_1} + \frac{\partial v_2}{\partial u_1} \frac{\partial}{\partial v_2} + \frac{\partial v_3}{\partial u_1} \frac{\partial}{\partial v_3} \\
\frac{\partial}{\partial u_2} &= \frac{\partial v_1}{\partial u_2} \frac{\partial}{\partial v_1} + \frac{\partial v_2}{\partial u_2} \frac{\partial}{\partial v_2} + \frac{\partial v_3}{\partial u_2} \frac{\partial}{\partial v_3} \\
\frac{\partial}{\partial u_3} &= \frac{\partial v_1}{\partial u_3} \frac{\partial}{\partial v_1} + \frac{\partial v_2}{\partial u_3} \frac{\partial}{\partial v_2} + \frac{\partial v_3}{\partial u_3} \frac{\partial}{\partial v_3}
\end{aligned} \tag{7.4}$$

M の点 p における接ベクトル全体の集合を T_pM と表すことにすると，T_pM は 3 次元のベクトル空間となる．$p \in M_i \cap M_j$ であるとき，$\{\partial/\partial u_1, \partial/\partial u_2, \partial/\partial u_3\}$，$\{\partial/\partial v_1, \partial/\partial v_2, \partial/\partial v_3\}$ はともに T_pM の基底となるが，(7.4) はそれらの基底の間の変換を表す式に

なっている．

次に，M に距離が与えられていて，任意の M の 2 点 p, q に対して，p と q の間の距離 $d(p,q)$ が定まるとする．2 次元の多様体のときと同じように，M に距離が与えられると M 内の曲線の長さが定まり，曲線の微小な長さを用いて接ベクトルの大きさが定まり，さらに接ベクトルの集合 T_pM の内積（リーマン計量）が定まる．このとき，M は 3 次元リーマン多様体と呼ばれる．

接ベクトル X と Y の内積を $\langle X, Y \rangle$ で表し，

$$g_{ij} = \left\langle \frac{\partial}{\partial u_i}, \frac{\partial}{\partial u_j} \right\rangle \qquad (i, j = 1, 2, 3)$$

とおく．

$$X = \sum_{i=1}^{3} \xi_i \frac{\partial}{\partial u_i}, \quad Y = \sum_{i=1}^{3} \eta_i \frac{\partial}{\partial u_i} \tag{7.5}$$

とおくと，X と Y の内積は

$$\langle X, Y \rangle = \sum_{i,j=1}^{3} \xi_i \eta_j \, g_{ij}$$

となる．M 内の曲線 $C : \{x(t) \mid a \leq t \leq b\}$ の長さ L は接ベクトルの大きさを用いて

$$L = \int_a^b \left| \frac{dx}{dt} \right| dt$$

と表すことができる．M 内の 2 点 p, q が与えられたとき，p と q を結ぶ曲線の中で長さが最小でちょうど p と q の間の距離になっているものは測地線と呼ばれる．測地線が弧長パラメータ s と局所座標を用いて $(u_1(s), u_2(s), u_3(s))$ と表されているとき，

$$\frac{\partial^2 u_k}{\partial s^2} + \sum_{i,j=1}^{3} \Gamma_{ij}^k \frac{\partial u_i}{\partial t} \frac{\partial u_j}{\partial s} = 0 \qquad (k = 1, 2, 3) \tag{7.6}$$

が成り立つ．ここで，

$$\Gamma_{ij}^k = \frac{1}{2} \sum_{r=1}^{3} g^{kr} \left(\frac{\partial g_{ir}}{\partial u_j} + \frac{\partial g_{jr}}{\partial u_i} - \frac{\partial g_{ij}}{\partial u_r} \right)$$

（g^{ij} は $G = (g_{ij})_{i,j=1,2,3}$ の逆行列 G^{-1} の成分）である．

点 p における接ベクトル $X = \sum_{i=1}^{3} \xi_i \frac{\partial}{\partial u_i}$ と p の付近で与えら

れた接ベクトル場 $V=\sum_{i=1}^{3}\zeta_i\frac{\partial}{\partial u_i}$ に対し，

$$D_X V=\sum_{k=1}^{3}\left(\sum_{i=1}^{3}\xi_i\frac{\partial\zeta_k}{\partial u_i}(p)+\sum_{i,j=1}^{3}\Gamma_{ij}^{k}\xi_i\zeta_j(p)\right)\frac{\partial}{\partial u_k}(p) \quad (7.7)$$

によって定まる接ベクトルは局所座標系のとり方によらず定まるベクトルで，X の方向の V の共変微分と呼ばれる．測地線の単位接ベクトル T は $D_T T=0$ をみたす．共変微分については，定理 6.2 で述べられた次の式が 3 次元リーマン多様体についても成り立つ．

$$D_X(V+W)=D_X V+D_X W$$
$$D_X(fV)=(Xf)V+fD_X V$$
$$D_{X+Y}V=D_X V+D_Y W$$
$$D_{aX}V=aD_X V$$
$$X\langle V,W\rangle=\langle D_X V,W\rangle+\langle V,D_X W\rangle$$

接ベクトル $X=\sum_{i=1}^{3}\xi_i\frac{\partial}{\partial u_i}$ と $Y=\sum_{i=1}^{3}\eta_i\frac{\partial}{\partial u_i}$ のカッコ積 $[X,Y]$ は

$$[X,Y]=\sum_{i,j=1}^{3}\left(\xi_i\frac{\partial\eta_j}{\partial u_i}-\eta_i\frac{\partial\xi_j}{\partial u_i}\right)\frac{\partial}{\partial u_j}$$

によって定義される．カッコ積については次が成り立つ．

$$[X,Y]f=XYf-YXf$$
$$\left[\frac{\partial}{\partial u_i},\frac{\partial}{\partial u_j}\right]=0$$
$$[X,Y]=D_X Y-D_Y X$$

$\{e_1,e_2,e_3\}$ を M 上で（局所的に定義された）接ベクトル場の組で，定義されている領域の各点 p において T_pM の正規直交基底となっていて，$e_i=\sum_{j=1}^{3}a_{ij}\frac{\partial}{\partial u_j}$ $(i=1,2,3)$ と表したとき a_{ij} が微分可能な関数であるものとする．

$$D_{e_i}e_j=\sum_{k=1}^{3}\omega_{ij}^{k}e_k \quad (i,j=1,2,3)$$

と表すと，$e_i\langle e_j,e_k\rangle=0$ より

$$\omega_{ij}^k + \omega_{ik}^j = 0$$

がすべての $i, j, k = 1, 2, 3$ について成り立つ．

3 次元リーマン多様体に関する議論はここまでは 2 次元リーマン多様体と同じように進めてくることができたが，曲率については少し異なるところがある．2 次元の場合（(6.31) 式）と同じように

$$\frac{\langle D_X D_Y Y - D_Y D_X Y - D_{[X,Y]} Y, X\rangle}{\langle X, X\rangle\langle Y, Y\rangle - \langle X, Y\rangle^2} \tag{7.8}$$

によって定義するのであるが，X, Y を 3 次元ベクトル空間 T_pM から選ぶことになるので，2 次元リーマン多様体の場合と異なり，X と Y によって張られる T_pM の部分空間は多様であり，実際，その部分空間によって値が変化する．T_pM の 2 次元部分空間を「断面」と呼ぶ．断面 Π が与えられたとき，Π の基底 $\{X, Y\}$ を用いて (7.8) によって定まる量は，2 次元リーマン多様体のガウス曲率と同様に，基底 $\{X, Y\}$ の選び方，p 以外の点での X, Y の挙動によらず一意的に定まる．これを $K(\Pi)$ で表し，断面 Π の**断面曲率**と呼ぶ．3 次元リーマン多様体においても，2 次元リーマン多様体と同様に，曲率テンソルが

$$R(X, Y)Z = D_X D_Y Z - D_Y D_X Z - D_{[X,Y]} Z \tag{7.9}$$

により定義され，これを用いると断面曲率は

$$K(\Pi) = \frac{\langle R(X, Y)Y, X\rangle}{\langle X, X\rangle\langle Y, Y\rangle - \langle X, Y\rangle^2} \tag{7.10}$$

と表される．(u_1, u_2, u_3) を M の局所座標系とし，Π を $\partial/\partial u_i$ と $\partial/\partial u_j$ $(i \neq j)$ で張られる断面とするとき，

$$\begin{aligned} K(\Pi) = (g_{ii}g_{jj} - g_{ij}^2)^{-1}\Bigg(&\sum_{k=1}^{3} \frac{\partial \Gamma_{jj}^k}{\partial u_i} g_{ki} + \sum_{k,\ell=1}^{3} \Gamma_{jj}^k \Gamma_{ik}^\ell g_{\ell i} \\ &- \sum_{k=1}^{3} \frac{\partial \Gamma_{ij}^k}{\partial u_j} g_{ki} - \sum_{k,\ell=1}^{3} \Gamma_{ij}^k \Gamma_{jk}^\ell g_{\ell i}\Bigg) \end{aligned}$$

が成り立つ．また，$\{e_1, e_2, e_3\}$ を T_pM の正規直交基底とすると，e_i と e_j $(i \neq j)$ によって張られる断面 Π について

$$K(\Pi) = \langle R(e_i, e_j)e_j, e_i\rangle$$

が成り立つ.

7.2 断面曲率が一定である3次元リーマン多様体

2次元リーマン多様体では断面曲率に相当するものはガウス曲率であり，ガウス曲率が一定であるものは，局所的には，ユークリッド平面か球面か双曲平面に等長的であった．ここでは，断面曲率の値が断面のとり方によらず，さらに点 p にもよらず，多様体上で一定であるような3次元リーマン多様体 M を考える.

例 7.1 3次元ユークリッド空間 E^3 の標準的な直交座標を (x_1, x_2, x_3) とすると，リーマン計量は

$$g_{ii} = 1 \quad (i = 1, 2, 3), \qquad g_{ij} = 0 \quad (i \neq j)$$

で表され，すべての i, j, k について $\Gamma_{ij}^k = 0$ となり，どの断面 Π についても $K(\Pi) = 0$ となる.

例 7.2 リーマン計量が

$$g_{11} = 1, \quad g_{22} = \sin^2 u_1, \quad g_{33} = \sin^2 u_1 \sin^2 u_2,$$
$$g_{ij} = 0 \quad (i \neq j)$$

で表されるような局所座標系 (u_1, u_2, u_3) をもつ3次元リーマン多様体の断面曲率はいたるところで1である[107]．実際，$R_{ijk\ell} = \left\langle R(\frac{\partial}{\partial u_i}, \frac{\partial}{\partial u_j})\frac{\partial}{\partial u_k}, \frac{\partial}{\partial u_\ell} \right\rangle$ とおくと，

107) 問6.10の3次元版.

$$\begin{aligned}
&R_{1221} = R_{2112} = -R_{1212} = -R_{2121} = \sin^2 u_1 \\
&R_{1331} = R_{3113} = -R_{1313} = -R_{3131} = \sin^2 u_1 \sin^2 u_2 \\
&R_{2332} = R_{3223} = -R_{2323} = -R_{3232} = \sin^4 u_1 \sin^2 u_2 \\
&R_{ijk\ell} = 0 \quad (\text{上記以外の } i, j, k, \ell)
\end{aligned} \tag{7.11}$$

となり，任意の $X = \sum_{i=1}^3 \xi_i \frac{\partial}{\partial u_i}$, $Y = \sum_{i=1}^3 \eta_i \frac{\partial}{\partial u_i}$ に対して

$$\frac{\langle R(X,Y)Y, X\rangle}{\langle X, X\rangle\langle Y, Y\rangle - \langle X, Y\rangle^2} = 1 \tag{7.12}$$

が成り立つことがわかる．さらに，(7.11) を用いると，任意の X, Y, Z, W に対して

$$\langle R(X,Y)Z, W\rangle = \langle X, W\rangle\langle Y, Z\rangle - \langle X, Z\rangle\langle Y, W\rangle \tag{7.13}$$

が成り立ち，これより

$$R(X,Y)Z = \langle Y, Z\rangle X - \langle X, Z\rangle Y \tag{7.14}$$

が成り立つことがわかる[108]．4 次元ユークリッド空間 $E^4 = \{(x_1, x_2, x_3, x_4) \mid -\infty < u_1, u_2, u_3, u_4 < \infty\}$ 内の単位球面 $\{(x_1, x_2, x_3, x_4) \mid x_1^2 + x_2^2 + x_3^2 + x_4^2 = 1\}$ に E^4 の内積を用いてリーマン計量を与えたものを S^3 で表すと，S^3 の曲率テンソルについて (7.14) が成り立ち，断面曲率は 1 となる．

108) ここでは断面曲率が一定のリーマン多様体について具体的にリーマン計量を与えて説明したが，一般のリーマン多様体について，すべての断面について断面曲率がわかると必然的に曲率テンソルがわかってしまうことが知られている．

問 7.1

(1) (7.11) を示せ．

(2) (7.12) を示せ．

(3) (7.13) を示せ．

例 7.3　リーマン計量が

$$g_{11} = 1, \quad g_{22} = \sinh^2 u_1, \quad g_{33} = \sinh^2 u_1 \sinh^2 u_2,$$
$$g_{ij} = 0 \ \ (i \neq j)$$

で表されるような局所座標系 (u_1, u_2, u_3) をもつ 3 次元リーマン多様体の断面曲率はいたるところで -1 である[109]．(u_1, u_2, u_3) 空間 $\{(u_1, u_2, u_3) \mid -\infty < u_1, u_2, u_3 < \infty\}$ にこのリーマン計量を与えたものを H^3 で表す．H^3 は E^3 に同相で完備な 3 次元リーマン多様体で，その断面曲率は -1 で一定である．H^3 は 3 次元の**双曲空間**と呼ばれる．H^3 の曲率テンソルについては

$$R(X,Y)Z = -\langle Y, Z\rangle X + \langle X, Z\rangle Y \tag{7.15}$$

が成り立つ．

109) 問 6.11 の 3 次元版．

問 7.2　例 7.3 の 3 次元リーマン多様体の断面曲率は -1 で一定であることを示せ．

問 7.3 例 7.3 の 3 次元リーマン多様体の曲率テンソルについて (7.15) が成り立つことを示せ.

7.3 3 次元リーマン多様体内の曲面

3 次元ユークリッド空間 E^3 内の曲面では,

$$(\, x(u_1, u_2), y(u_1, u_2), z(u_1, u_2)\,)$$

のように曲面上の各点の E^3 内での座標を 2 つのパラメータを用いて表すことによってその性質を調べたが, 一般の多様体ではひとつの座標で空間全体を表すことができるとは限らず, 局所座標を用いてしか曲面を扱うことができない. (x_1, x_2, x_3) を M の開集合 U 内で与えられている局所座標とする. $\mathbf{R}^2 = \mathbf{R} \times \mathbf{R}$ の開集合 W から U への写像が

$$(\, x_1(u_1, u_2),\ x_2(u_1, u_2),\ x_3(u_1, u_2)\,)$$

によって与えられているとする. 関数 $x_i(u_1, u_2)$ $(i = 1, 2, 3)$ は C^2 級（連続な 2 階偏導関数をもつ）と仮定する. このとき,

$$S = \{\, (x_1(u_1, u_2), x_2(u_1, u_2), x_3(u_1, u_2)) \mid (u_1, u_2) \in W\,\}$$

を M 内の曲面と言う. $f(x_1, x_2, x_3)$ を U で定義された実数値関数とするとき, $f(x_1(u_1, u_2), x_2(u_1, u_2), x_3(u_1, u_2))$ は S 上の関数を定義する. このとき

$$\frac{\partial f}{\partial u_1} = \frac{\partial f}{\partial x_1}\frac{\partial x_1}{\partial u_1} + \frac{\partial f}{\partial x_2}\frac{\partial x_2}{\partial u_1} + \frac{\partial f}{\partial x_3}\frac{\partial x_3}{\partial u_1}$$
$$\frac{\partial f}{\partial u_2} = \frac{\partial f}{\partial x_1}\frac{\partial x_1}{\partial u_2} + \frac{\partial f}{\partial x_2}\frac{\partial x_2}{\partial u_2} + \frac{\partial f}{\partial x_3}\frac{\partial x_3}{\partial u_2}$$

が成り立つが, この式から考えることができる微分作用素

$$\frac{\partial}{\partial u_1} = \frac{\partial x_1}{\partial u_1}\frac{\partial}{\partial x_1} + \frac{\partial x_2}{\partial u_1}\frac{\partial}{\partial x_2} + \frac{\partial x_3}{\partial u_1}\frac{\partial}{\partial x_3}$$
$$\frac{\partial}{\partial u_2} = \frac{\partial x_1}{\partial u_2}\frac{\partial}{\partial x_1} + \frac{\partial x_2}{\partial u_2}\frac{\partial}{\partial x_2} + \frac{\partial x_3}{\partial u_2}\frac{\partial}{\partial x_3}$$

ならびにそれらの 1 次結合 $\xi_1 \frac{\partial}{\partial u_1} + \xi_2 \frac{\partial}{\partial u_2}$ を S の接ベクトルと言

い，接ベクトル全体の作る 2 次元ベクトル空間を接平面と言う．S 内の点 p における接平面を T_pS と表すと，T_pS は p における M の接空間 T_pM の 2 次元部分空間になる．M はリーマン多様体であるから T_pM にはすでに内積が与えられているが，この内積をそのまま T_pS でも用いることにより，S は 2 次元リーマン多様体になる．T_pS に垂直な T_pM のベクトルを S の法ベクトルと言う．

M の共変微分を D で表すと，$X \in T_pM$ と p の近傍で定義された M の接ベクトル場 Y に対して D_XY が定まる．とくに $X \in T_pS$ のとき，Y は p のまわりの S 上の点で定義されていれば D_XY が定まる．Y が S 上の各点で S の単位法ベクトルであるようなベクトル場 N である場合を考えると，$\langle N, N\rangle = 1$ より

$$0 = X\langle N, N\rangle = 2\langle D_XN, N\rangle$$

であるから，$D_XN \in T_pS$ となる．$D_XN = A(X)$ とおくと，A は T_pS の線形変換となる．

Y として S に接するベクトル場をとり，D_XY の S の接方向の成分を ∇_XY で表す．D_XY の S の法方向の成分について

$$\begin{aligned}\langle D_XY, N\rangle N &= (X\langle Y, N\rangle - \langle Y, D_XN\rangle)N \\ &= -\langle Y, A(X)\rangle N\end{aligned}$$

となるから，

$$D_XY = \nabla_XY - \langle A(X), Y\rangle N \tag{7.16}$$

が成り立つ．∇_XY は 2 次元リーマン多様体としての S の共変微分に一致する．S の接ベクトル場 X, Y のカッコ積について

$$[X, Y] = \nabla_XY - \nabla_YX$$

が成り立つが，X, Y は M の接ベクトル場でもあるから

$$[X, Y] = D_XY - D_YX$$

も成り立つ．これより

$$\langle A(X), Y\rangle = \langle X, A(Y)\rangle$$

が成り立つことがわかる．

R を M の曲率テンソルとすると，定義より，T_pS の接ベクトル X, Y, Z について

$$R(X,Y)Z = D_X D_Y Z - D_Y D_X Z - D_{[X,Y]}Z$$

となるが，これに (7.16) を適用して整理すると，

$$\begin{aligned} R(X,Y)Z =& \Big(\nabla_X \nabla_Y Z - \nabla_Y \nabla_X Z - \nabla_{[X,Y]}Z \\ & - \langle A(Y), Z\rangle A(X) + \langle A(X), Z\rangle A(Y)\Big) \\ & + \Big(-X\langle A(Y), Z\rangle + Y\langle A(X), Z\rangle - \langle A(X), \nabla_Y Z\rangle \\ & + \langle A(Y), \nabla_X Z\rangle + \langle A(Z), [X,Y]\rangle\Big)N \end{aligned} \tag{7.17}$$

を得る．2 次元リーマン多様体としての S の曲率テンソルを ρ とし，$R(X,Y)Z$ の S の接方向の成分を $(R(X,Y)Z)^\top$，法方向の成分を $(R(X,Y)Z)^\perp$ とすると，(7.17) より次の 2 式を得るが，(7.18) がユークリッド空間の曲面に対するガウスの方程式 (4.15)，(7.19) がコダッチの方程式 (4.16) に対応するものである．

$$(R(X,Y)Z)^\top = \rho(X,Y)Z - \langle A(Y), Z\rangle A(X) + \langle A(X), Z\rangle A(Y) \tag{7.18}$$

$$\begin{aligned} (R(X,Y)Z)^\perp =& (-X\langle A(Y), Z\rangle + Y\langle A(X), Z\rangle - \langle A(X), \nabla_Y Z\rangle \\ & + \langle A(Y), \nabla_X Z\rangle + \langle A(Z), [X,Y]\rangle)N \end{aligned} \tag{7.19}$$

例 7.4　単位球面 S^3 では，(7.14) より曲率テンソルについて

$$R(X,Y)Z = \langle Y, Z\rangle X - \langle X, Z\rangle Y$$

が成り立つから，

$$\begin{aligned} (R(X,Y)Z)^\top &= R(X,Y)Z \\ (R(X,Y)Z)^\perp &= 0 \end{aligned}$$

であり，これらを (7.18), (7.19) に代入すると，S^3 内の曲面のガウスの方程式，コダッチの方程式として

$$\rho(X,Y)Z - \langle A(Y),Z\rangle A(X) + \langle A(X),Z\rangle A(Y) \\ = \langle Y,Z\rangle X - \langle X,Z\rangle Y \tag{7.20}$$

$$X\langle A(Y),Z\rangle - Y\langle A(X),Z\rangle + \langle A(X),\nabla_Y Z\rangle \\ -\langle A(Y),\nabla_X Z\rangle - \langle A(Z),[X,Y]\rangle = 0 \tag{7.21}$$

を得る．

例 7.5 単位球面 S^3 に例 7.2 の局所座標 (u_1,u_2,u_3) を与えると，$D_{\frac{\partial}{\partial u_1}}\frac{\partial}{\partial u_1}=0$ が成り立ち，u_1 方向の曲線は測地線であることがわかるが，$u_1=0$ は定点となるため，この点を p とすると，これらの測地線は p から u_2,u_3 の値に従って各方向へ伸びている．a を正の定数とするとき，$u_1=a$ をみたす点全体の集合 S_a は M 内の曲面となるが，2 次元リーマン多様体における測地円に対応するもので，**測地球面**と呼ばれる．$\{\partial/\partial u_2, \partial/\partial u_3\}$ は S_a の接平面の基底となり，$\partial/\partial u_1$ は S_a の単位法ベクトルとなる．S_a は 2 次元リーマン多様体としては

$$g_{22}=\sin^2 a,\quad g_{23}=g_{32}=0,\quad g_{33}=\sin^2 a\sin^2 u_2,$$

というリーマン計量が与えられていて，その Gauss 曲率は $1/\sin^2 a$ であり，$0<a<\pi$ である a に対しては半径 $\sin a$ の球面に等長的である．S_a の接ベクトル X,Y,Z については

$$\rho(X,Y)Z = \frac{1}{\sin^2 a}\left(\langle Y,Z\rangle X - \langle X,Z\rangle Y\right)$$
$$A(X) = \cot a\, X$$

が成り立つ．

問 7.4 例 7.5 の測地球面 S_a でガウスの方程式，コダッチの方程式が成り立っていることを確認せよ．

例 7.6 双曲空間 H^3 では曲率テンソルについて

$$R(X,Y)Z = -\langle Y,Z\rangle X + \langle X,Z\rangle Y$$

が成り立ち，ガウスの方程式，コダッチの方程式は

$$\begin{aligned}\rho(X,Y)Z - \langle A(Y),Z\rangle A(X) + \langle A(X),Z\rangle A(Y) \\ = -\langle Y,Z\rangle X + \langle X,Z\rangle Y\end{aligned} \tag{7.22}$$

$$\begin{aligned}X\langle A(Y),Z\rangle - Y\langle A(X),Z\rangle + \langle A(X),\nabla_Y Z\rangle \\ -\langle A(Y),\nabla_X Z\rangle - \langle A(Z),[X,Y]\rangle = 0\end{aligned} \tag{7.23}$$

となる．

H^3 に例 7.3 の局所座標 (u_1,u_2,u_3) を与えると，u_1 方向の曲線は，$u_1=0$ で表される点 p から各方向へ伸びている測地線となる．$u_1=a$ $(a>0)$ で表される測地球面 S_a では，$\{\partial/\partial u_2, \partial/\partial u_3\}$ は接平面の基底となり，$\partial/\partial u_1$ は単位法ベクトルとなる．S_a は

$$g_{22}=\sinh^2 a,\quad g_{23}=g_{32}=0,\quad g_{33}=\sinh^2 a\sinh^2 u_2,$$

という計量をもつ 2 次元リーマン多様体で，そのガウス曲率は $1/\sinh^2 a$ であり，半径 $\sinh a$ の球面に等長的である．S_a の接ベクトル X,Y,Z について

$$\begin{aligned}\rho(X,Y)Z &= \frac{1}{\sinh^2 a}(\langle Y,Z\rangle X - \langle X,Z\rangle Y) \\ A(X) &= \coth a\, X\end{aligned}$$

となる．測地球面の半径 a を $a\to\infty$ とすることによって得られる曲面はホロ球面 (horosphere) と呼ばれるが，ホロ球面のガウス曲率はいたるところで 0 であり，$A(X)=X$ が任意のホロ球面の接ベクトルについて成り立つ．

8 2次元リーマン多様体の実現

第6章では，ユークリッド空間内にあることを前提としない「抽象的な曲面」（2次元リーマン多様体）について考察した．そのような曲面が実際にユークリッド空間内の曲面として実現できるかどうか，について考えてみよう．この観点から，第4章，第5章の結果をもう一度見直してみる．3次元ユークリッド空間で実現できない曲面は，4次元ユークリッド空間ならば実現できるのか，他の3次元リーマン多様体の中ならば実現できるのか，などについても考えてみる．ここまでに見てきたものを織りまぜると新しい景色が見えるかもしれない．

8.1 等長はめ込み

多様体から多様体への写像の中で，ある条件をみたすものが「はめ込み」と呼ばれるが， 以下で考えるのは 2 次元多様体の 3 次元多様体へのはめ込みであるので，この場合に限定して説明することにしよう．S を 2 次元微分可能多様体，M を 3 次元微分可能多様体とする．f を S から M への微分可能な写像とする．局所座標 (u_1, u_2) が与えられた S の開集合 U は f によって M の開集合 W へ写され，W には局所座標 (x_1, x_2, x_3) が与えられているとする．(u_1, u_2) で表された S の点の f による像の局所座標を $(\,x_1(u_1, u_2),\, x_2(u_1, u_2),\, x_3(u_1, u_2)\,)$ で表す．このことを

$$f(u_1, u_2) = (\,x_1(u_1, u_2),\, x_2(u_1, u_2),\, x_3(u_1, u_2)\,)$$

と書くことにする．S の接ベクトル $X = \xi_1 \frac{\partial}{\partial u_1} + \xi_2 \frac{\partial}{\partial u_2}$ について，$\xi_1 = \frac{du_1}{dt}$, $\xi_2 = \frac{du_2}{dt}$ をみたす S 内の曲線 $(u_1(t), u_2(t))$ をとると，$f(u_1(t), u_2(t))$ によって定まる M 内の曲線の接ベクトルは

$$\begin{aligned}
&\frac{du_1}{dt}\left(\frac{\partial x_1}{\partial u_1}\frac{\partial}{\partial x_1} + \frac{\partial x_2}{\partial u_1}\frac{\partial}{\partial x_2} + \frac{\partial x_3}{\partial u_1}\frac{\partial}{\partial x_3}\right) \\
&\qquad + \frac{du_2}{dt}\left(\frac{\partial x_1}{\partial u_2}\frac{\partial}{\partial x_1} + \frac{\partial x_2}{\partial u_2}\frac{\partial}{\partial x_2} + \frac{\partial x_3}{\partial u_2}\frac{\partial}{\partial x_3}\right) \\
&= \xi_1\left(\frac{\partial x_1}{\partial u_1}\frac{\partial}{\partial x_1} + \frac{\partial x_2}{\partial u_1}\frac{\partial}{\partial x_2} + \frac{\partial x_3}{\partial u_1}\frac{\partial}{\partial x_3}\right) \\
&\qquad + \xi_2\left(\frac{\partial x_1}{\partial u_2}\frac{\partial}{\partial x_1} + \frac{\partial x_2}{\partial u_2}\frac{\partial}{\partial x_2} + \frac{\partial x_3}{\partial u_2}\frac{\partial}{\partial x_3}\right) \\
&= (Xx_1)\frac{\partial}{\partial x_1} + (Xx_2)\frac{\partial}{\partial x_2} + (Xx_3)\frac{\partial}{\partial x_3}
\end{aligned}$$

となる．

$$df(X) = (Xx_1)\frac{\partial}{\partial x_1} + (Xx_2)\frac{\partial}{\partial x_2} + (Xx_3)\frac{\partial}{\partial x_3}$$

とおくと，$df(X)$ の値は局所座標 (x_1, x_2, x_3) のとり方によらず定まり，df は S の各点 p における接ベクトルの集合 T_pS から M の接ベクトルの集合 $T_{f(p)}M$ への線形写像を定義する．df は写像 f の **微分** と呼ばれる．

問 8.1 $df(X)$ の値が局所座標 (x_1, x_2, x_3) のとり方によらず定まることを示せ.

S の点 p における T_pS の df による像は $T_{f(p)}M$ の部分空間で, その次元は一般には 2 以下であるが, もしすべての点で 2 次元部分空間になっているならば, f は**はめ込み**と呼ばれる. f がはめ込みでかつ単射である (すなわち, $f(S)$ が自己交叉しない) とき, f は**埋め込み**と呼ばれる.

次に, S が 2 次元リーマン多様体, M が 3 次元リーマン多様体である場合について考える. S のリーマン計量を $\langle\ ,\ \rangle_S$, M のリーマン計量を $\langle\ ,\ \rangle_M$ で表すとき, 任意の S の接ベクトル X, Y について

$$\langle X, Y\rangle_S = \langle df(X), df(Y)\rangle_M$$

が成り立つとき, f は**等長はめ込み**である, と言う. f が等長はめ込みであるとき, M のリーマン計量は $f(M)$ の第 1 基本形式となる.

8.2 3 次元ユークリッド空間での実現

2 次元リーマン多様体 S が与えられたとき, もし S から E^3 への等長はめ込みが存在すれば, $f(S)$ は E^3 の中の曲面となり, $f(S)$ のリーマン多様体としての性質は S と一致するから, S が E^3 の中に実際に現れたようなことになる. そこで, そのような等長はめ込みが存在するとき, S は E^3 の中に「**実現**された」と表現することにしよう. S が E^3 の中に実現されていれば, リーマン多様体としての S の性質を E^3 の中で (第 2 基本形式やガウス写像などを使って) 調べることができる[110].

110) 感覚的な言い方をすれば, 実際に S の形を見たり, 触ったりして理解することができる, ということである.

さて, 2 次元リーマン多様体 S が与えられたとき, S が E^3 の中に実現されるための条件について考えてみよう. 「曲面論の基本定理」(定理 4.7, 定理 4.8) によって, 曲面の形は局所的には第 1 基本形式と第 2 基本形式によって完全に決定される. 2 次元リーマン多様体の実現の問題では, このうちの第 1 基本形式はすでに与えられていることになる. ガウス曲率もすでに決まっている. 与えられた

2次元リーマン多様体を E^3 内の曲面として実現するとき，「局所的制約」と「大域的制約」がある．

［局所的制約］ 第1基本形式がすでに確定してしまっているので，第2基本形式をガウスの方程式やコダッチの方程式をみたすような形で選ばなければならないこと．

［大域的制約］ 「完備」「閉曲面」などの大域的な条件があるリーマン多様体を全体として実現する場合には，局所的な実現に加え，それを全体として無限遠まで伸ばしたり，滑らかに閉じさせたりしなければならないこと．

まず，局所的制約について具体的に見てみよう．f を2次元リーマン多様体 S の E^3 への等長的はめ込みとする．S の局所座標を (u_1, u_2) とするとき，$f(S)$ の第2基本形式は

$$A\left(\frac{\partial}{\partial u_1}\right) = h_{11}\frac{\partial}{\partial u_1} + h_{12}\frac{\partial}{\partial u_2}$$
$$A\left(\frac{\partial}{\partial u_2}\right) = h_{21}\frac{\partial}{\partial u_1} + h_{22}\frac{\partial}{\partial u_2}$$

によって[111] 定まる行列

$$\begin{pmatrix} h_{11} & h_{12} \\ h_{21} & h_{22} \end{pmatrix} \tag{8.1}$$

によって与えられる．この行列が決まれば f は決まる．まず，定理4.2（または (4.26) 式）より

$$h_{11}g_{12} + h_{12}g_{22} = h_{21}g_{11} + h_{22}g_{21} \tag{8.2}$$

をみたさなければならない．さらに，ガウスの方程式 (4.27) より

$$h_{11}h_{22} - h_{12}h_{21} = K \tag{8.3}$$

（K は S のガウス曲率）が成り立たなければならない．(8.2), (8.3) によって，(8.1) の行列における4個の成分の自由度は2である．これに加えて，コダッチの方程式 (4.28), (4.29) より

111) $f(S)$ の接ベクトルという考え方からすれば $\frac{\partial}{\partial u_i}$ ではなく $df\left(\frac{\partial}{\partial u_i}\right)$ と書くべきであるが，微分作用素としては $\frac{\partial}{\partial u_i}$ と同じものであることから，このように表している．

$$
\begin{aligned}
&\frac{\partial}{\partial u_1}\left(\sum_{k=1}^{2} h_{2k}g_{k2}\right) - \frac{\partial}{\partial u_2}\left(\sum_{k=1}^{2} h_{1k}g_{k2}\right) \\
&\qquad + \left(\sum_{k,\ell=1}^{2} h_{1k}\Gamma_{22}^{\ell}g_{k\ell}\right) - \left(\sum_{k,\ell=1}^{2} h_{2k}\Gamma_{12}^{\ell}g_{k\ell}\right) = 0
\end{aligned} \tag{8.4}
$$

$$
\begin{aligned}
&\frac{\partial}{\partial u_2}\left(\sum_{k=1}^{2} h_{1k}g_{k1}\right) - \frac{\partial}{\partial u_1}\left(\sum_{k=1}^{2} h_{2k}g_{k1}\right) \\
&\qquad + \left(\sum_{k,\ell=1}^{2} h_{2k}\Gamma_{11}^{\ell}g_{k\ell}\right) - \left(\sum_{k,\ell=1}^{2} h_{1k}\Gamma_{21}^{\ell}g_{k\ell}\right) = 0
\end{aligned} \tag{8.5}
$$

をみたさなければならないことが (h_{ij}) への制約条件となる．

例 8.1　S をリーマン計量が局所座標 (u_1, u_2) を用いて次の式で表される 2 次元リーマン多様体とする．

$$g_{11} = g_{22} = 1, \quad g_{12} = g_{21} = 0$$

S はユークリッド平面またはその一部に等長的であり，ガウス曲率は 0，すべての i, j, k について $\Gamma_{ij}^{k} = 0$ である．f を S の E^3 への等長的はめ込みとする．(8.2), (8.3), (8.4), (8.5) を S に適用すると，

$$
\begin{aligned}
h_{12} &= h_{21} \\
h_{11}h_{22} - h_{12}h_{21} &= 0 \\
\frac{\partial h_{22}}{\partial u_1} - \frac{\partial h_{12}}{\partial u_2} &= 0 \\
\frac{\partial h_{11}}{\partial u_2} - \frac{\partial h_{21}}{\partial u_1} &= 0
\end{aligned} \tag{8.6}
$$

という 4 つの式が得られる．h_{ij} を (8.6) をみたすように選ばなければならないことが S を E^3 内に実現するための局所的な制限条件となる．

$$\{h_{11}, h_{12}, h_{21}, h_{22}\} = \{f(u_1), 0, 0, 0\} \quad (f(u_1) \text{ は任意の関数})$$

は (8.6) の一つの解であるが，これは $f(S)$ が例 5.1 の曲面である場合に対応している．しかし，(8.6) の局所的な解は

$\{h_{11}, h_{12}, h_{21}, h_{22}\}$

$$= \left\{ \frac{u_2^2}{(u_1^2+u_2^2)^{5/2}}, \frac{-u_1u_2}{(u_1^2+u_2^2)^{5/2}}, \frac{-u_1u_2}{(u_1^2+u_2^2)^{5/2}}, \frac{u_1^2}{(u_1^2+u_2^2)^{5/2}} \right\}$$

など他にもある.

例 8.2 例 8.1 に引き続き，リーマン計量が局所座標を用いて

$$g_{11} = g_{22} = 1, \quad g_{12} = g_{21} = 0$$

と表される 2 次元リーマン多様体 S を考える．ただし，ここでは S は完備である（すなわち，$-\infty < u_1, u_2 < \infty$ 全体で定義されている）ものとする．このような大域的な条件を加えると，定理 5.2 で示された ように，$f(S)$ は平面曲線の上をその平面に垂直な直線を平行移動して得られる曲面となり，例 8.1 で得られる曲面の中でかなり限定されたものになることがわかる.

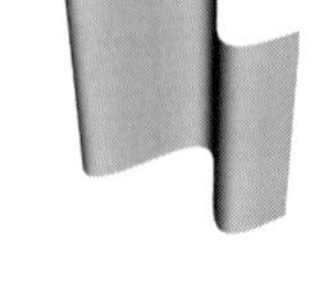

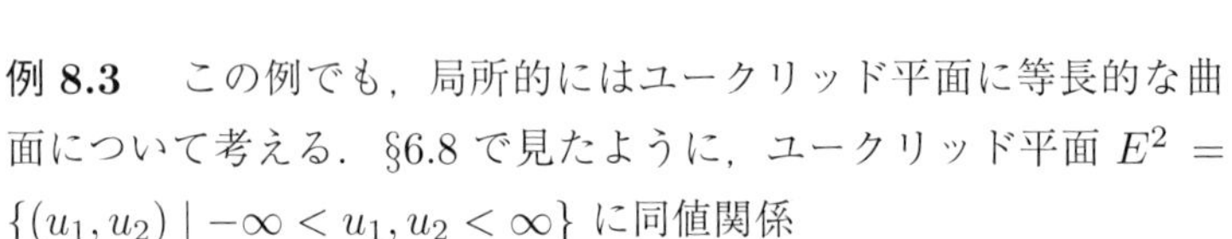

例 8.3 この例でも，局所的にはユークリッド平面に等長的な曲面について考える．§6.8 で見たように，ユークリッド平面 $E^2 = \{(u_1, u_2) \mid -\infty < u_1, u_2 < \infty\}$ に同値関係

$$(u_1, u_2) \sim (u_1', u_2') \iff \text{「}u_2 = u_2' \text{ かつ } u_1' - u_1 = 2n\pi \text{ をみたす整数 } n \text{ が存在する」}$$

を導入したときの商空間を S とすると，S は局所的にはユークリッド平面に等長的な曲面になる．例 8.2 で閉じた平面曲線を用いれば，S の等長的埋め込みを作ることができる.

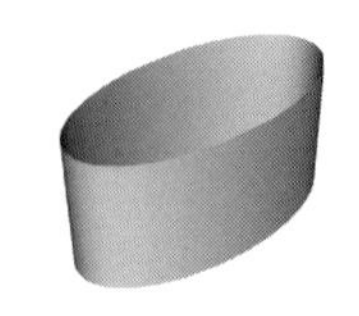

例 8.4 例 6.4 で紹介した，ユークリッド平面 $E^2 = \{(u_1, u_2) \mid -\infty < u_1, u_2 < \infty\}$ に同値関係

$$(u_1, u_2) \sim (u_1', u_2') \iff \text{「}u_1' - u_1 = 2m\pi \text{ をみたす整数 } m \text{ が存在し，かつ，} u_2' - u_2 = 2n\pi \text{ をみたす整数 } n \text{ が存在する」}$$

を導入したときの商空間を S とすると，S は局所的にはユークリッド平面に等長的な閉曲面（トーラス）になる．S は，例えば問 4.7 で示したように

$$f(u_1, u_2) = (\cos u_1, (2+\sin u_1)\cos u_2, (2+\sin u_1)\sin u_2)$$

によって E^3 に埋め込むことができるが，この f は等長的ではない．実際，E^3 内の閉曲面にはガウス曲率が正となる点が必ず存在するので，ガウス曲率がいたるところで 0 である閉じた曲面を E^3 に等長的にはめ込むことはできない．

例 8.5　S をリーマン計量が局所座標 (u_1, u_2) を用いて次の式で表される 2 次元リーマン多様体とする．

$$g_{11} = 1, \quad g_{12} = g_{21} = 0, \quad g_{22} = \sin^2 u_1$$

S は E^3 内の単位球面またはその一部に等長的であり，ガウス曲率は 1 で一定である．また，

$$\Gamma^2_{12} = \Gamma^2_{21} = \cot u_1, \quad \Gamma^1_{22} = -\sin u_1 \cos u_1$$
$$\Gamma^k_{ij} = 0 \quad (\text{それ以外の } i, j, k)$$

である．f を S の E^3 への等長的はめ込みとする．(8.2), (8.3), (8.4), (8.5) を S に適用すると，

$$\begin{aligned}
&h_{12}\sin^2 u_1 = h_{21}\\
&h_{11}h_{22} - h_{12}h_{21} = 1\\
&\frac{\partial}{\partial u_1}(h_{22}\sin^2 u_1) - \frac{\partial}{\partial u_2}(h_{12}\sin^2 u_1)\\
&\quad - h_{11}\sin u_1\cos u_1 - h_{22}\sin u_1 \cos u_1 = 0\\
&\frac{\partial h_{11}}{\partial u_2} - \frac{\partial h_{21}}{\partial u_1} - h_{12}\sin u_1\cos u_1 = 0
\end{aligned} \tag{8.7}$$

を得る．

$$\{h_{11}, h_{12}, h_{21}, h_{22}\} = \{1, 0, 0, 1\}$$

は (8.7) の一つの解であるが，これは $f(S)$ が E^3 内の単位球面である場合に対応している．しかし，(8.7) をみたす $\{h_{11}, h_{12}, h_{21}, h_{22}\}$ の局所的な解は他にもある．

しかし，「S は閉曲面である」というような大域的な条件が加わると，f は限定されたものになる．実際，定理 5.3 では「E^3 内の閉曲面で，ガウス曲率が正で一定であるものは球面に合同である」こと

が示されているが，これは次のように言い換えることができる．

「f_1，f_2 を(2 次元リーマン多様体としての)単位球面 S^2 [112] の E^3 への等長はめ込みとすると，$f_1(S^2)$ と $f_2(S^2)$ は合同になる.」[113]

[112] E^3 内の単位球面と等長的ではあるが，E^3 にあることを前提としていない抽象的な曲面として考えている．

[113] 与えられたリーマン多様体に対してユークリッド空間への可能な等長はめ込みがすべて合同であるとき，そのはめ込みは「剛性がある (rigid)」と言う．

例 8.6　例 8.5 ではガウス曲率は正で一定である場合を考えたが，これより一般的なものとして次の結果がある．

「S をガウス曲率が正である閉じた 2 次元リーマン多様体とし，f_1, f_2 を S の E^3 への等長はめ込みとすると，$f_1(S)$ と $f_2(S)$ は合同になる.」[114]

この結果の一つの証明を第 9 章（定理 9.10）で紹介する[115]．

[114] Cohn-Vossen(1929).

[115] 「ミンコフスキーの積分公式」という定理を使うので，曲率の積分を取り扱う第 9 章での解説となった．

例 8.7　§5.4 で，「E^3 内の完備な曲面でガウス曲率が負で一定であるものは存在しない」（定理 5.5）を紹介したが，この定理は次のように言い換えることができる．

「S をガウス曲率が負で一定である完備な 2 次元リーマン多様体[116] とするとき，S の E^3 への等長はめ込みは存在しない.」

[116] 例 6.2，例 6.3 参照．

ここでは証明の概略のみ紹介することにする．証明は，S と $f(S)$ の面積をそれぞれ計算して，等しくあるはずのこれらの面積が決して等しくはならない，という矛盾を導くことによって行われる．そこでまずリーマン多様体 S の面積について考えてみよう．

まず，S のリーマン計量を定数倍して調整することにより，S のガウス曲率ははじめから $K=-1$ であると仮定することができる．§6.6 で見たように，S 上の任意の点 p をとり，p を中心とする半径 r の測地円を考えると，その円周の長さは $2\pi\sinh r$ である（問 6.14）．p における M の単位接ベクトルをパラメータ θ を用いて T_θ と表し，T_θ に接する測地線を C_θ として，C_θ 上の点で p からの距離が r のところにある点を $x(r,\theta)$ とする．

$$\left\langle \frac{\partial}{\partial r}, \frac{\partial}{\partial r} \right\rangle_S = 1, \quad \left\langle \frac{\partial}{\partial r}, \frac{\partial}{\partial \theta} \right\rangle_S = 0, \quad \left\langle \frac{\partial}{\partial \theta}, \frac{\partial}{\partial \theta} \right\rangle_S = \sinh^2 r$$

というリーマン計量が与えられた $\{(r,\theta) \mid 0 \le r < \infty, 0 \le \theta < 2\pi\}$

を $\bar{S}$ とする．$\bar{S}$ は，ユークリッド平面と同相な，ガウス曲率が -1 で一定である完備なリーマン多様体である[117]．$(r,\theta) \in \bar{S}$ と $x(r,\theta) \in S$ の対応と S の E^3 への等長的はめ込み f を用いて，$\bar{S}$ から E^3 への等長的はめ込み $\bar{f}$ が定義される．$\bar{f}$ による $\bar{S}$ の像 $\bar{f}(\bar{S})$ は $f(S)$ と一致する．以下，S がはじめから位相的にはユークリッド平面と同相なものであるとして話を進める．

117) $\bar{S}$ 内の異なる点が S 内では同じ点である，ということがあり得るので $\bar{S} = S$ とは言えないが，ここでの証明には影響はない．

S の面積は次の計算で示されるように無限大である．

$$
\begin{aligned}
&\int_0^{\infty}\int_0^{2\pi}\sqrt{\left\langle \frac{\partial}{\partial r}, \frac{\partial}{\partial r}\right\rangle_S \left\langle \frac{\partial}{\partial \theta}, \frac{\partial}{\partial \theta}\right\rangle_S - \left\langle \frac{\partial}{\partial r}, \frac{\partial}{\partial \theta}\right\rangle_S^2}\, dr d\theta \\
&= \int_0^{\infty}\int_0^{2\pi} \sinh r\, dr d\theta \\
&= \infty
\end{aligned}
\tag{8.8}
$$

次に，E^3 内の曲面 $f(S)$ について考える．§5.4 では $f(S)$ の局所的な性質を調べたが，その結果，次の性質をもつ接ベクトル場 $\mathbf{X}_1$，$\mathbf{X}_2$ が存在することがわかっている．

$$
\begin{gathered}
\mathbf{X}_1 \text{ と } \mathbf{X}_2 \text{ は 1 次独立} \\
\langle \mathbf{X}_1, \mathbf{X}_1 \rangle_{E^3} = \langle \mathbf{X}_2, \mathbf{X}_2 \rangle_{E^3} = 1 \\
\langle A(\mathbf{X}_1), \mathbf{X}_1 \rangle_{E^3} = 0 \\
\langle A(\mathbf{X}_2), \mathbf{X}_2 \rangle_{E^3} = 0 \\
[\mathbf{X}_1, \mathbf{X}_2] = \mathbf{0}
\end{gathered}
\tag{8.9}
$$

X_1, X_2 を $df(X_1) = \mathbf{X}_1$, $df(X_2) = \mathbf{X}_2$ となる S の接ベクトルとすると，$[X_1, X_2] = 0$ が成り立つから，定理 6.3 を適用すると，S の局所座標 (u_1, u_2) で

$$
\frac{\partial}{\partial u_1} = X_1, \quad \frac{\partial}{\partial u_2} = X_2
$$

をみたすものが存在する．

$$
g_{ij} = \left\langle \frac{\partial}{\partial u_i}, \frac{\partial}{\partial u_j} \right\rangle_S
$$

とおくと，$g_{11} = g_{22} = 1$ が成り立ち，さらに $g_{12} = g_{21} = \cos\theta$ $(0 < \theta < \pi)$ とおくと，S のガウス曲率 K について

$$K = -\frac{1}{\sin\theta}\frac{\partial^2\theta}{\partial u_1 \partial u_2}$$

が成り立つ（問 8.2）．いま $K = -1$ であるから，

$$\frac{\partial^2\theta}{\partial u_1 \partial u_2} = \sin\theta$$

がつねに成り立つ．さて，a_1, b_1, a_2, b_2 を定数として $\{(u_1, u_2) \mid a_1 \leq u_1 \leq b_1,\ a_2 \leq u_2 \leq b_2\}$ で表される S 内の領域 D の面積を考えよう．

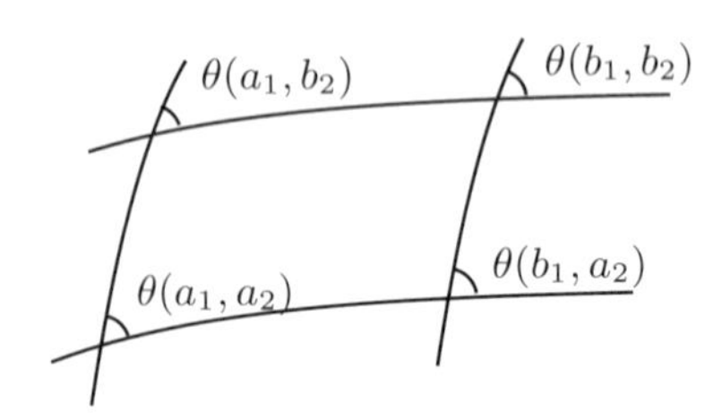

$$\begin{aligned}
D\,\text{の面積} &= \int_{a_1}^{b_1}\int_{a_2}^{b_2}\sqrt{g_{11}g_{22} - g_{12}g_{21}}\,du_1du_2 \\
&= \int_{a_1}^{b_1}\int_{a_2}^{b_2}\sin\theta\,du_1du_2 \\
&= \int_{a_1}^{b_1}\int_{a_2}^{b_2}\frac{\partial^2\theta}{\partial u_1\partial u_2}\,du_1du_2 \\
&= \theta(b_1, b_2) - \theta(b_1, a_2) - \theta(a_1, b_2) + \theta(a_1, a_2)
\end{aligned}$$

となるが，$0 < \theta < \pi$ であるから，最後の量は 2π より小さい．よって，a_1, b_1, a_2, b_2 の値にかかわらず，

$$D\,\text{の面積} < 2\pi$$

であることがわかる．

さて，これまでの議論で D の範囲 a_1, a_2, b_1, b_2 の値が無条件にとれることが保証されるわけではないが，実際には，D の範囲はどこまでも広げることができ，

$$S = \{\mathbf{x}(u_1, u_2) \mid -\infty < u_1 < \infty,\ -\infty < u_2 < \infty\}$$

となることを示すことができる．証明の方針は局所的に存在が保証されている領域を「貼り合せて」無限遠までの広がりをもつ領域にすることができることを示すことであるが，その中身はそれほど単純ではない．

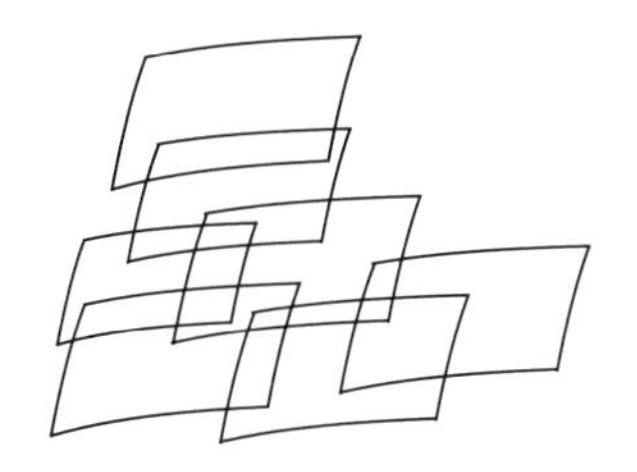

これにより S 全体の面積は 2π より小さいことになるが，これは (8.8) に矛盾する．よって，ガウス曲率が負で一定である完備な 2 次元リーマン多様体を等長的に E^3 にはめ込むことはできない，という結論に到達する．

問 8.2 $g_{11}=1$, $g_{12}=g_{21}=\cos\theta$, $g_{22}=1$ である 2 次元リーマン多様体のガウス曲率は $-\dfrac{1}{\sin\theta}\dfrac{\partial^2\theta}{\partial u_1\partial u_2}$ であることを示せ．

8.3 4 次元ユークリッド空間での実現

3 次元ユークリッド空間 E^3 では実現できない 2 次元リーマン多様体が 4 次元ユークリッド空間 E^4 ならば実現できることがある．

まず E^4 内の曲面についての基本的な事柄を説明しよう．2 次元リーマン多様体 S が等長はめ込み f によって E^4 内に実現されているとする．S の局所座標 (u_1, u_2) に対応する $f(S)$ の点 $f(u_1, u_2)$ を

$$\mathbf{x}(u_1,u_2)=(x_1(u_1,u_2),x_2(u_1,u_2),x_3(u_1,u_2),x_4(u_1,u_2))$$

で表す．S の接ベクトル $X=X_1\frac{\partial}{\partial u_1}+X_2\frac{\partial}{\partial u_2}$ について $df(X)=\mathbf{X}$ とおくと，$\mathbf{X}$ は $f(S)$ の接ベクトルであり，

$$\mathbf{X} = X_1 \frac{\partial \mathbf{x}}{\partial u_1} + X_2 \frac{\partial \mathbf{x}}{\partial u_2}$$

となる．$f(S)$ の接平面に垂直なベクトルを法ベクトルと呼ぶが，E^3 内の曲面と異なり，法ベクトル全体の集合は 2 次元ベクトル空間となる．E^4 の共変微分（方向微分）を $\bar{D}$ で表し，$f(S)$ の法ベクトル場 $\mathbf{N}$ に対して，$\bar{D}_{\mathbf{X}}\mathbf{N}$ を考えると，E^3 内の曲面の場合と異なり，$\bar{D}_{\mathbf{X}}\mathbf{N}$ は $f(S)$ の接方向のベクトルになるとは限らない．$f(S)$ の接方向の $\bar{D}_{\mathbf{X}}\mathbf{N}$ の成分を $A_{\mathbf{N}}(\mathbf{X})$，法方向の成分を $D^{\perp}_{\mathbf{X}}\mathbf{N}$ として，

$$\bar{D}_{\mathbf{X}}\mathbf{N} = A_{\mathbf{N}}(\mathbf{X}) + D^{\perp}_{\mathbf{X}}\mathbf{N}$$

と表す．また，$f(S)$ の接ベクトル場 $\mathbf{X}, \mathbf{Y}$ に対して，$\bar{D}_{\mathbf{X}}\mathbf{Y}$ の $f(S)$ の接方向の成分を $D_{\mathbf{X}}\mathbf{Y}$，法方向の成分を $B(\mathbf{X}, \mathbf{Y})$ として，

$$\bar{D}_{\mathbf{X}}\mathbf{Y} = D_{\mathbf{X}}\mathbf{Y} + B(\mathbf{X}, \mathbf{Y})$$

と表す．

$$\bar{D}_{\mathbf{X}}\mathbf{Y} - \bar{D}_{\mathbf{Y}}\mathbf{X} = D_{\mathbf{X}}\mathbf{Y} - D_{\mathbf{Y}}\mathbf{X} = [\mathbf{X}, \mathbf{Y}]$$

であり，$[\mathbf{X}, \mathbf{Y}]$ は $f(S)$ の接方向のベクトルであるから，

$$B(\mathbf{X}, \mathbf{Y}) = B(\mathbf{Y}, \mathbf{X})$$

が成り立つ．また，$\langle \mathbf{Y}, \mathbf{N} \rangle = 0$ であるから

$$\langle \bar{D}_{\mathbf{X}}\mathbf{Y}, \mathbf{N} \rangle + \langle \mathbf{Y}, \bar{D}_{\mathbf{X}}\mathbf{N} \rangle = 0$$

となり，

$$\langle B(\mathbf{X}, \mathbf{Y}), \mathbf{N} \rangle = -\langle A_{\mathbf{N}}(\mathbf{X}), \mathbf{Y} \rangle$$

が成り立つ．E^3 の場合と同じく E^4 でも曲率テンソルの値は 0 になるので，$f(S)$ の接ベクトル場 $\mathbf{X}, \mathbf{Y}$ と E^4 のベクトル場 $\mathbf{V}$ について

$$\bar{D}_{\mathbf{X}}\bar{D}_{\mathbf{Y}}\mathbf{V} - \bar{D}_{\mathbf{Y}}\bar{D}_{\mathbf{X}}\mathbf{V} - \bar{D}_{[\mathbf{X},\mathbf{Y}]}\mathbf{V} = \mathbf{0} \tag{8.10}$$

が成り立つ．$\mathbf{V}$ が S の接ベクトル場 $\mathbf{Z}$ であるとき，(8.10) の左辺は $f(S)$ の曲率テンソルを R とすると次の式で表される．

$$
\begin{aligned}
&\bar{D}_{\mathbf{X}}\bar{D}_{\mathbf{Y}}\mathbf{Z} - \bar{D}_{\mathbf{Y}}\bar{D}_{\mathbf{X}}\mathbf{Z} - \bar{D}_{[\mathbf{X},\mathbf{Y}]}\mathbf{Z} \\
&\qquad = \bar{D}_{\mathbf{X}}(D_{\mathbf{Y}}\mathbf{Z} + B(\mathbf{Y},\mathbf{Z})) - \bar{D}_{\mathbf{Y}}(D_{\mathbf{X}}\mathbf{Z} + B(\mathbf{X},\mathbf{Z})) \\
&\qquad\quad - (D_{[\mathbf{X},\mathbf{Y}]}\mathbf{Z} + B([\mathbf{X},\mathbf{Y}],\mathbf{Z})) \\
&\qquad = D_{\mathbf{X}}D_{\mathbf{Y}}\mathbf{Z} + B(\mathbf{X}, D_{\mathbf{Y}}\mathbf{Z}) + A_{B(\mathbf{Y},\mathbf{Z})}(\mathbf{X}) + D^{\perp}_{\mathbf{X}}B(\mathbf{Y},\mathbf{Z}) \\
&\qquad\quad - D_{\mathbf{Y}}D_{\mathbf{X}}\mathbf{Z} - B(\mathbf{Y}, D_{\mathbf{X}}\mathbf{Z}) - A_{B(\mathbf{X},\mathbf{Z})}(\mathbf{Y}) \\
&\qquad\quad - D^{\perp}_{\mathbf{Y}}B(\mathbf{X},\mathbf{Z})) - D_{[\mathbf{X},\mathbf{Y}]}\mathbf{Z} - B([\mathbf{X},\mathbf{Y}],\mathbf{Z}) \\
&\qquad = R(\mathbf{X},\mathbf{Y})\mathbf{Z} + A_{B(\mathbf{Y},\mathbf{Z})}(\mathbf{X}) - A_{B(\mathbf{X},\mathbf{Z})}(\mathbf{Y}) \\
&\qquad\quad + B(\mathbf{X}, D_{\mathbf{Y}}\mathbf{Z}) - B(\mathbf{Y}, D_{\mathbf{X}}\mathbf{Z}) - B([\mathbf{X},\mathbf{Y}],\mathbf{Z}) \\
&\qquad\quad + D^{\perp}_{\mathbf{X}}B(\mathbf{Y},\mathbf{Z}) - D^{\perp}_{\mathbf{Y}}B(\mathbf{X},\mathbf{Z})
\end{aligned}
\tag{8.11}
$$

(8.10), (8.11) より次の 2 式を得る．

$$
R(\mathbf{X},\mathbf{Y})\mathbf{Z} = A_{B(\mathbf{X},\mathbf{Z})}(\mathbf{Y}) - A_{B(\mathbf{Y},\mathbf{Z})}(\mathbf{X}) \tag{8.12}
$$

$$
\begin{aligned}
&B(\mathbf{X}, D_{\mathbf{Y}}\mathbf{Z}) - B(\mathbf{Y}, D_{\mathbf{X}}\mathbf{Z}) - B([\mathbf{X},\mathbf{Y}],\mathbf{Z}) \\
&\qquad + D^{\perp}_{\mathbf{X}}B(\mathbf{Y},\mathbf{Z}) - D^{\perp}_{\mathbf{Y}}B(\mathbf{X},\mathbf{Z}) = \mathbf{0}
\end{aligned}
\tag{8.13}
$$

(8.12) が E^4 内の曲面に対するガウスの方程式，(8.13) がコダッチの方程式である．E^4 内の曲面についてはこれらの方程式のほかに「リッチの方程式」がある．(8.10) で $\mathbf{V}$ が法ベクトル $\mathbf{N}$ であるとき，E^3 内の曲面であれば何も意味のある方程式は得られないが，E^4 の場合は違う．まず $\mathbf{V} = \mathbf{N}$ として (8.10) の左辺を計算すると

$$
\begin{aligned}
&\bar{D}_{\mathbf{X}}\bar{D}_{\mathbf{Y}}\mathbf{N} - \bar{D}_{\mathbf{Y}}\bar{D}_{\mathbf{X}}\mathbf{N} - \bar{D}_{[\mathbf{X},\mathbf{Y}]}\mathbf{N} \\
&\quad = \bar{D}_{\mathbf{X}}(A_{\mathbf{N}}(\mathbf{Y}) + D^{\perp}_{\mathbf{Y}}\mathbf{N}) - \bar{D}_{\mathbf{Y}}(A_{\mathbf{N}}(\mathbf{X}) + D^{\perp}_{\mathbf{X}}\mathbf{N}) \\
&\quad\quad - (A_{\mathbf{N}}([\mathbf{X},\mathbf{Y}]) + D^{\perp}_{[\mathbf{X},\mathbf{Y}]}\mathbf{N}) \\
&\quad = D_{\mathbf{X}}A_{\mathbf{N}}(\mathbf{Y}) + B(\mathbf{X}, A_{\mathbf{N}}(\mathbf{Y})) + A_{D^{\perp}_{\mathbf{Y}}\mathbf{N}}(\mathbf{X}) + D^{\perp}_{\mathbf{X}}D^{\perp}_{\mathbf{Y}}\mathbf{N} \\
&\quad\quad - D_{\mathbf{Y}}A_{\mathbf{N}}(\mathbf{X}) - B(\mathbf{Y}, A_{\mathbf{N}}(\mathbf{X})) - A_{D^{\perp}_{\mathbf{X}}\mathbf{N}}(\mathbf{Y}) - D^{\perp}_{\mathbf{Y}}D^{\perp}_{\mathbf{X}}\mathbf{N} \qquad (8.14) \\
&\quad\quad - A_{\mathbf{N}}([\mathbf{X},\mathbf{Y}]) - D^{\perp}_{[\mathbf{X},\mathbf{Y}]}\mathbf{N} \\
&\quad = D_{\mathbf{X}}A_{\mathbf{N}}(\mathbf{Y}) + A_{D^{\perp}_{\mathbf{Y}}\mathbf{N}}(\mathbf{X}) - D_{\mathbf{Y}}A_{\mathbf{N}}(\mathbf{X}) - A_{D^{\perp}_{\mathbf{X}}\mathbf{N}}(\mathbf{Y}) \\
&\quad\quad - A_{\mathbf{N}}([\mathbf{X},\mathbf{Y}]) + D^{\perp}_{\mathbf{X}}D^{\perp}_{\mathbf{Y}}\mathbf{N} - D^{\perp}_{\mathbf{Y}}D^{\perp}_{\mathbf{X}}\mathbf{N} - D^{\perp}_{[\mathbf{X},\mathbf{Y}]}\mathbf{N} \\
&\quad\quad + B(\mathbf{X}, A_{\mathbf{N}}(\mathbf{Y})) - B(\mathbf{Y}, A_{\mathbf{N}}(\mathbf{X}))
\end{aligned}
$$

となる．(8.10), (8.14) より次の 2 式を得るが，(8.15) はコダッチの方程式 (8.13) と同値な式であり，これから得られる新しい情報はない．

$$\begin{aligned} &D_{\mathbf{X}} A_{\mathbf{N}}(\mathbf{Y}) + A_{D^{\perp}_{\mathbf{Y}}\mathbf{N}}(\mathbf{X}) \\ &\quad - D_{\mathbf{Y}} A_{\mathbf{N}}(\mathbf{X}) - A_{D^{\perp}_{\mathbf{X}}\mathbf{N}}(\mathbf{Y}) - A_{\mathbf{N}}([\mathbf{X}, \mathbf{Y}]) = \mathbf{0} \end{aligned} \tag{8.15}$$

$$\begin{aligned} &D^{\perp}_{\mathbf{X}} D^{\perp}_{\mathbf{Y}} \mathbf{N} - D^{\perp}_{\mathbf{Y}} D^{\perp}_{\mathbf{X}} \mathbf{N} - D^{\perp}_{[\mathbf{X},\mathbf{Y}]}\mathbf{N} \\ &\qquad = B(\mathbf{Y}, A_{\mathbf{N}}(\mathbf{X})) - B(\mathbf{X}, A_{\mathbf{N}}(\mathbf{Y})) \end{aligned} \tag{8.16}$$

(8.16) の左辺は $R^{\perp}(\mathbf{X}, \mathbf{Y})\mathbf{N}$ と表され，**法曲率テンソル**と呼ばれる．この記号を用いて (8.16) を書き直した

$$R^{\perp}(\mathbf{X}, \mathbf{Y})\mathbf{N} = B(\mathbf{Y}, A_{\mathbf{N}}(\mathbf{X})) - B(\mathbf{X}, A_{\mathbf{N}}(\mathbf{Y})) \tag{8.17}$$

は **リッチの方程式**[118] と呼ばれている．

[118] Gregorio Ricci (1853–1925).

問 8.3 (8.13) が任意の接ベクトル $\mathbf{Z}$ について成り立つことと，(8.15) が任意の法ベクトル $\mathbf{N}$ について成り立つことは同値であることを示せ．

例 8.8 a, b を正の定数として

$$(x_1, x_2, x_3, x_4) = \left(a\cos\frac{u_1}{a}, a\sin\frac{u_1}{a}, b\cos\frac{u_2}{b}, b\sin\frac{u_2}{b}\right)$$

$(-\infty < u_1, u_2 < \infty)$ によって定まる E^4 内の曲面を考える．このとき，

$$\left\langle \frac{\partial}{\partial u_1}, \frac{\partial}{\partial u_1} \right\rangle = 1, \quad \left\langle \frac{\partial}{\partial u_1}, \frac{\partial}{\partial u_2} \right\rangle = \left\langle \frac{\partial}{\partial u_2}, \frac{\partial}{\partial u_1} \right\rangle = 0, \quad \left\langle \frac{\partial}{\partial u_2}, \frac{\partial}{\partial u_2} \right\rangle = 1$$

であるから，この曲面は 2 次元ユークリッド平面 E^2 が等長的に E^4 にはめ込まれたものと考えることができる．さて，m, n を任意の整数とするとき，$(u_1 + 2m\pi a, u_2 + 2n\pi b)$ で表される E^2 の点は (u_1, u_2) で表される点と同じ点になる．このことから，S を E^2 に

$$(u'_1, u'_2) \sim (u_1, u_2) \iff \text{「}u'_1 - u_1 = 2m\pi a,\ u'_2 - u_2 = 2n\pi b \text{ をみたす整数 } m, n \text{ が存在する」}$$

という同値関係を導入したときの商空間とする（例 6.4）とき，この曲面は S を E^4 に等長はめ込み（実は等長埋め込み）することに

よって得られる曲面になっている．これは，S は E^3 内で実現することはできないが，E^4 内であれば実現することができることを示している．

問 8.4 例 8.8 の曲面の法曲率テンソルは 0 になることを示せ．

8.4 断面曲率一定の 3 次元リーマン多様体での実現

§8.3 では E^3 では実現できない 2 次元リーマン多様体も E^4 では実現できることがあることを見たが，ここでは，E^3 と同じく 3 次元で断面曲率も一定であるが，その断面曲率が 0 ではないような空間を考え，その中で実現できるかどうか，について考えてみよう．

S^3 を 4 次元ユークリッド空間 E^4 内の単位球面 $\{(x_1, x_2, x_3, x_4) \mid x_1^2 + x_2^2 + x_3^2 + x_4^2 = 1\}$ と等長的な 3 次元リーマン多様体とする．S^3 の断面曲率は 1 で一定である．以下の説明では，実現の方法を具体的に説明するために便宜的に S^3 が E^4 内の球面としているが，E^4 内にあることは本質的ではない．

例 8.9 例 8.8 で，定数 a, b が $a^2 + b^2 = 1$ をみたしているときは，

$$(x_1, x_2, x_3, x_4) = \left(a\cos\frac{u_1}{a}, a\sin\frac{u_1}{a}, b\cos\frac{u_2}{b}, b\sin\frac{u_2}{b}\right)$$

に対して $x_1^2 + x_2^2 + x_3^2 + x_4^2 = 1$ が成り立つ．これは，この曲面が S^3 の中に実現できることを示している[119]．

例 8.10 S^2 を E^3 の中の単位球面 $\{(x_1, x_2, x_3) \mid x_1^2+x_2^2+x_3^2 = 1\}$ と等長的な 2 次元リーマン多様体とする．S^2 は S^3 の中の $x_4 = 0$ をみたす集合として実現される．この曲面は，2 次元球面の大円に対応するもので，大球面と呼ばれる．大球面は例 7.5 の測地球面の半径が $\frac{\pi}{2}$ である場合で，$A = 0$ が成り立つ．

S^2 を E^3 で実現しようとするとき，S^2 の一部分だけを局所的に実現すればよいのであればいろいろな方法があったが，S^2 全体を実現する方法は通常の球面だけであった（定理 5.3）．S^2 を S^3 で実現するときにはどうなるか考えてみよう．f を S^2 の S^3 への等長はめ込みとする．$f(S^2)$ の曲率テンソルを ρ とすると，ρ は S^2 の

119) E^2 に他の同値関係を導入することによってガウス曲率が 0 の閉曲面をいろいろ作ることができるが，それらを S^3 の中で実現できるかどうか，という問題がある．少数の例を除いてあまり多くは知られていなかったが，北川義久氏や著者らによる研究によってそのような例が多数あることが現在では判明している．

曲率テンソルと同じものであるから，任意の $f(S^2)$ の接ベクトル X, Y, Z について

$$\rho(X,Y)Z = \langle Y, Z\rangle X - \langle X, Z\rangle Y$$

が成り立つ．これを S^3 内の曲面のガウスの方程式 (7.20) に代入すると

$$\langle A(Y), Z\rangle A(X) - \langle A(X), Z\rangle A(Y) = 0$$

を得る．ここで，X, Y を A の固有ベクトルで $|X| = 1, |Y| = 1$ であるものとする．$\{X, Y\}$ は $f(S^2)$ の接平面の正規直交基底となる．X, Y に対応する固有値をそれぞれ λ, μ とする．さらに，$Z = X$ とすると，

$$\lambda\mu\big(\langle Y, X\rangle X - \langle X, X\rangle Y\big) = 0$$

となるから，

$$\lambda\mu = 0$$

を得る．よって，λ, μ のどちらかは 0 になる．まず，$\lambda \neq 0, \mu = 0$ である部分について考えてみる．S^3 内の曲面のコダッチの方程式 (7.21) において $Z = Y$ とすると

$$\langle X, \nabla_Y Y\rangle = 0 \tag{8.18}$$

となる．$|Y| = 1$ より $\langle Y, \nabla_Y Y\rangle = 0$ であるから，(8.18) より $\nabla_Y Y = 0$ となり，さらに，

$$D_Y Y = \nabla_Y Y - \langle A(Y), Y\rangle N = 0 \tag{8.19}$$

（N は $f(S^2)$ の法ベクトル）となるから，Y の積分曲線（Y につねに接する曲線）は S^3 の測地線（大円）であることがわかる．また，

$$\nabla_Y X = \langle \nabla_Y X, X\rangle X + \langle \nabla_Y X, Y\rangle Y = -\langle X, \nabla_Y Y\rangle = 0 \tag{8.20}$$

も得られる．(7.21) において，今度は $Z = X$ とすると

$$Y\lambda + \lambda\langle X, \nabla_X Y\rangle = 0$$

となり，

$$\nabla_X Y = -\frac{Y\lambda}{\lambda}X \tag{8.21}$$

を得る．$f(S^2)$ のガウス曲率は

$$K = \langle \nabla_X \nabla_Y Y - \nabla_Y \nabla_X Y - \nabla_{[X,Y]} Y, X \rangle$$

で表されるが，$[X,Y] = \nabla_X Y - \nabla_Y X$ であり，$K = 1$ であるから，(8.24), (8.20), (8.25) より

$$Y\left(\frac{Y\lambda}{\lambda}\right) - \left(\frac{Y\lambda}{\lambda}\right)^2 = 1 \tag{8.22}$$

を得る．p を $f(S^2)$ の点とし，$\sigma(s)$ を p を通って Y に接する大円とする（s は弧長パラメータ，$\sigma(0) = p$）．関数 $\varphi(s)$ を

$$\varphi(s) = \frac{1}{\lambda(\sigma(s))}\frac{d}{ds}\lambda(\sigma(s))$$

により定義すると，(8.22) より

$$\frac{d\varphi}{ds} - \varphi^2 = 1$$

が成り立ち[120]，これより

$$\varphi(s) = \tan(s + C) \quad （C \text{ は定数}）$$

すなわち，

$$\lambda(\sigma(s)) = -D\cos(s + C) \quad （C, D \text{ は定数}）$$

であることがわかる．このとき，$0 < s_0 \leq \frac{\pi}{2}$ のある s_0 について $\lambda(\sigma(s_0)) = 0$ となることになるが，このとき $\lambda(\sigma(s_0 - \pi)) = 0$ となり，また $s_0 - \pi < s < s_0$ をみたす s については $\lambda(\sigma(s)) \neq 0$ となる．つまり，$\lambda \neq 0$ である $f(S^2)$ の点 p を通る Y の積分曲線は S^3 の測地線 (大円) であって，その上の 2 点 $\tilde{p}$, $-\tilde{p}$ で $\lambda = 0$ となるが，それ以外の点では $\lambda \neq 0$ となる．S^2 を

$$S_0 = \{\, x \in S^2 \mid \lambda(x) = \mu(x) = 0 \,\}$$
$$S_1 = \{\, x \in S^2 \mid \lambda(x) \neq 0 \text{ または } \mu(x) \neq 0 \,\}$$

に分ける．S_1 の各点には Y の積分曲線に対応する長さ π の測地線（S^2 の半大円弧）が存在し，端点を除いて S_1 の中にある．端点は S_0 内にある．Y の異なる積分曲線が交わることはないから，その端

120) 実は，ここまでの流れは定理 5.3 の証明とほとんど同じである．ただ，右辺が 0 でなく 1 になった点だけが異なる．

点はすべての積分曲線について同じ点でなければならない．この点を q_1, q_2（q_2 は q_1 の対極点）とする．q_1, q_2 からの距離が $\pi/2$ のところにある大円を C とする．Y の積分曲線はすべて $f(q_1)$ から $f(q_2)$ へ至る S^3 内の大円であるから，$f(C)$ は $f(q_1), f(q_2)$ からの距離が $\pi/2$ のところにある大球面 S_0^2 の中にある曲線になる．曲線 $f(C)$ の S_0^2（2 次元単位球面）内の曲線としての曲率を κ とすると，S_1 の主曲率を κ を用いて計算することができる．$f(C)$ から Y の積分曲線に沿って長さ s だけ移動した S_1 内の点における主曲率 λ の値は $\lambda = -\kappa/\cos s$ になる（問 8.5）．S_1 では $\lambda \neq 0$ であるから $\kappa \neq 0$ であるが，そうすると $s \to \pm\frac{\pi}{2}$ のとき（$f(q_1), f(q_2)$ に近づくとき）λ は発散してしまう．このことから $S_1 = \emptyset$ となることがわかり，$f(S^2)$ 全体で $A = 0$ となる．

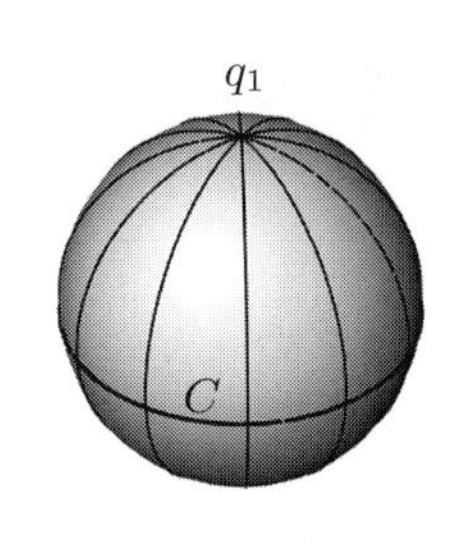

以下の部分は，S^3 を E^4 の中におく，という便宜的な方法で説明しよう．E^4 内での S^3 の単位法ベクトルとしてその点の位置ベクトル $\mathbf{x}$ を使うことができるから，E^4 の共変微分を $\bar{D}$ で表し，$f(S^2)$ の S^3 内の単位法ベクトルを $\mathbf{N}$ とすると，$f(S^2)$ の任意の接ベクトル $\mathbf{X}$ について

$$\begin{aligned}\bar{D}_{\mathbf{X}}\mathbf{N} =& D_{\mathbf{X}}\mathbf{N} + \langle \bar{D}_{\mathbf{X}}\mathbf{N}, \mathbf{x}\rangle \mathbf{x}\\ =& A(\mathbf{X}) - \langle \mathbf{N}, \bar{D}_{\mathbf{X}}\mathbf{x}\rangle \mathbf{x}\\ =& -\langle \mathbf{N}, \mathbf{X}\rangle \mathbf{x}\\ =& \mathbf{0}\end{aligned}$$

が成り立ち，$\mathbf{N}$ は E^4 の中の定ベクトルであることがわかる．$\mathbf{N} = (0,0,0,1)$ となるように $f(S^2)$ をおくと，$f(S^2)$ は $x_4 = 0$ の中にあることになり，大球面となる．

問 8.5 例 8.10 で，$f(C)$ から Y の積分曲線に沿って長さ s だけ移動した S_1 内の点における主曲率 λ の値は $\lambda = -\kappa/\cos s$ となることを示せ．

次の例では断面曲率が一定である 2 次元リーマン多様体の H^3 への等長はめ込みについて考える．

例 8.11 例 7.6 で見たように，通常の球面 $\{(x_1, x_2, x_3) \in E^3 \mid x_1^2 + x_2^2 + x_3^2 = a^2\}$ と等長的な 2 次元リーマン多様体は H^3 に等長的に埋め込むことができる．また，E^2 はホロ球面として H^3 へ等長的に埋め込むことができる．

例 8.12　例 6.3 ではガウス曲率が -1 の 2 次元リーマン多様体を「ポアンカレの円板モデル」によって表したが，H^3 も類似のモデルで表すことができる．(u_1, u_2, u_3) 空間内の単位球体 $\{(u_1, u_2, u_3) \mid u_1^2 + u_2^2 + u_3^2 < 1\}$ に

$$g_{11} = g_{22} = g_{33} = \frac{1}{(1 - u_1^2 - u_2^2 - u_3^2)^2}, \quad g_{ij} = 0 \ \ (i \neq j) \tag{8.23}$$

というリーマン計量を与えると，その断面曲率は -1 で一定になる．このとき，$u_3 = 0$ で表される球体内の円板は双曲平面 H^2 の H^3 への等長埋め込みになっている．

一般に，H^2 を H^3 で実現するときにはどうなるか考えてみよう．　計算は E^2 の E^3 への等長はめ込み（定理 5.2）や S^2 の S^3 への等長はめ込み（例 8.10）の場合に似ている．f を H^2 の H^3 への等長はめ込みとする．H^3 内の曲面のガウスの方程式 (7.22) を用いると $f(H^2)$ の型作用素 A の固有値 λ, μ について

$$\lambda\mu = 0$$

が成り立つことがわかる．X, Y をそれぞれ λ, μ に対応する固有ベクトルで $|X| = 1, |Y| = 1$ であるものとする．まず，$\lambda \neq 0$, $\mu = 0$ である部分について考えると，H^3 内の曲面のコダッチの方程式 (7.23) より

$$\langle X, \nabla_Y Y \rangle = 0$$

となり，これより

$$D_Y Y = 0 \tag{8.24}$$

となるから, Y の積分曲線は H^3 の測地線であることがわかる．また,

$$\nabla_Y X = 0$$

も成り立つ．コダッチの方程式 (7.23) を用いると

$$\nabla_X Y = -\frac{Y\lambda}{\lambda} X \tag{8.25}$$

も示される．$f(H^2)$ のガウス曲率は -1 であることから

$$Y\left(\frac{Y\lambda}{\lambda}\right)-\left(\frac{Y\lambda}{\lambda}\right)^2=-1$$

が導かれる．p を $f(H^2)$ の点とし，$\sigma(s)$ を p を通って Y に接する H^3 の測地線とする（s は弧長パラメータ，$\sigma(0)=p$）．関数 $\varphi(s)$ を

$$\varphi(s)=\frac{1}{\lambda(\sigma(s))}\frac{d}{ds}\lambda(\sigma(s))$$

により定義すると，

$$\frac{d\varphi}{ds}-\varphi^2=-1$$

が成り立ち，これをみたす $\varphi(s)$ を求めると

$$\varphi(s)=\frac{-Ce^s+e^{-s}}{Ce^s+e^{-s}}\quad（C\text{ は定数}）$$

となり，これより

$$\lambda(\sigma(s))=D(Ce^s+e^{-s})\quad（C,D\text{ は定数}）$$

であることがわかる．今回はガウス曲率が 0 や正の場合と異なり，$-\infty<s<\infty$ の範囲で考えてもとくにこの式で問題が起こることはない．実際，H^2 の H^3 での等長はめ込みの自由度は高い．

与えられた 2 次元リーマン多様体がどのような空間の中で実現できるか，は興味深い問題である．以下に，いくつかの，判っていること，判っていないことを列挙しよう．

- 双曲平面 H^2 は E^3 で実現することはできないが，5 次元ユークリッド空間 E^5 内では実現することができる．ただし，「はめ込み」として実現されることが判っている[121]だけなので，自己交叉のない「埋め込み」として実現できるかは現在のところ不明である．E^4 内にはめ込みで実現できるかどうかは不明である．
- ガウス曲率が 0 のクライン管は E^3, E^4 では実現不可能である．E^5 ならば実現可能である．
- ガウス曲率 1 の射影平面は E^3, E^4 では実現不可能である．E^5 では実現可能である．

121) Henke (1981).

9 曲率の積分

ユークリッド空間内の曲線，曲面について，曲率を全体で積分することによって得られる量について考察する．曲率は各点ごとに曲がり具合についての細かな情報を与えるが，曲率の積分はその図形の「全体としての」曲がりの程度を表す量として理解することができる．曲面の曲率の積分に関するガウス–ボンネの定理は実は内在的な幾何学の定理であり，リーマン多様体への広がりをもつ，重要な定理である．いままでに見てきたものがいろいろ登場するオプショナルツアーを最後に提供したい．

9.1 平面曲線の曲率の積分

E^2 内の曲線 $C : \mathbf{x}(s) = (x(s), y(s))$（$s$ は弧長パラメータで $0 \leq s \leq L$ とする）の曲率を $\kappa(s)$ とすると，(3.4) にあるように

$$\kappa(s) = \left\langle \frac{d\mathbf{T}}{ds}, \mathbf{N} \right\rangle$$

である．曲率は曲線上の各点における曲がり具合を表している量であるが，それを積分した値は曲線全体の曲がり具合を表している量と考えることができるだろう．そこで，次の 2 つの積分量を考えよう．平面曲線の曲率 $\kappa(s)$ は正にも負にもなり得るので，これら 2 つの積分の値は必ずしも一致しない．

$$\text{(A)} \quad \int_0^L \kappa(s)\, ds \qquad \text{(B)} \quad \int_0^L |\kappa(s)|\, ds$$

以下，(A) を $\int \kappa$, (B) を $\int |\kappa|$ と表すことにしよう．例えば，図 1 の曲線では（反時計方向に回るとき）いたるところで $\kappa(s) > 0$ であるから，$\int \kappa$ と $\int |\kappa|$ の値は一致するが，図 2 の曲線では $\kappa(s) > 0$ の部分と $\kappa(s) < 0$ の部分があるため，$\int \kappa$ と $\int |\kappa|$ の値は一致しない．

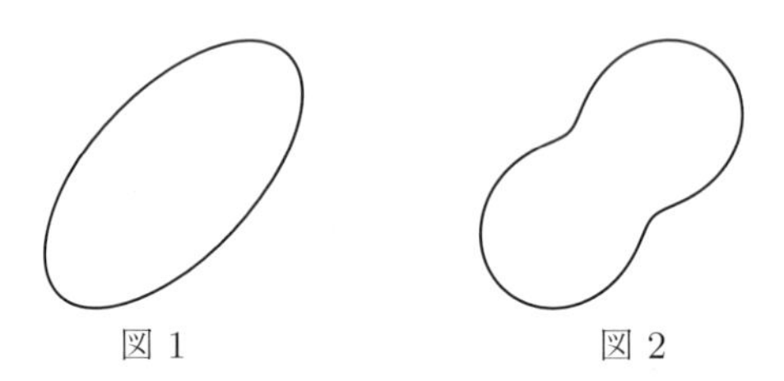

図 1　　　　図 2

C の接ベクトルが x 軸と成す角を $\theta(s)$ とすると，平面曲線の曲率の定義 (3.2) より

$$\kappa(s) = \frac{d\theta}{ds}$$

であるから，$0 \leq a < b \leq L$ のとき，

$$\int_a^b \kappa(s)\, ds = \theta(b) - \theta(a)$$

が成り立つ．この右辺は $\mathbf{x}(a)$ と $\mathbf{x}(b)$ の間の，接ベクトル $\mathbf{T}(s) = d\mathbf{x}/ds$ の（反時計方向を正の方向とする）回転角を表している．

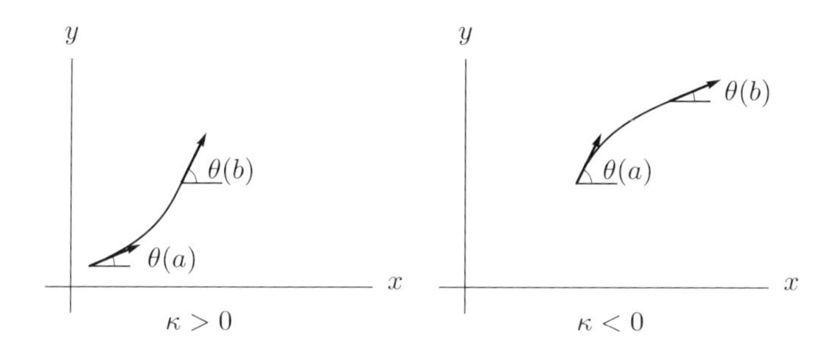

ひとつの曲線の上に $\kappa > 0$ の部分と $\kappa < 0$ の部分がある場合には，$\int \kappa$ では「反時計回り」の曲がりと「時計回り」の曲がりが打ち消し合うが，$\int |\kappa|$ では方向にかかわらず曲がりが足し合わされる．この違いをガウス写像を通して見てみよう．「ガウス写像で見る」ということは，単位接ベクトル $\mathbf{T}(s)$ の動きを単位円の上で見る，ということである．曲率の積分は，$\mathbf{T}(s)$ が単位円周上を動くときの道のりを表している．ただし，$\int_C |k|\, ds$ では道のりの単純な総和を表すのに対して，$\int_C k\, ds$ では同じ円弧を行って戻ったときにはその部分の道のりは加算されない．これを念頭におきながら，図 2 の単純閉曲線を使って，$\int \kappa, \int |\kappa|$ の積分の値について考えてみよう．下図は，この曲線に沿って時計と反対方向に一周回るときの，$\mathbf{T}(s)$ の動きを単位円周上で見たものである．

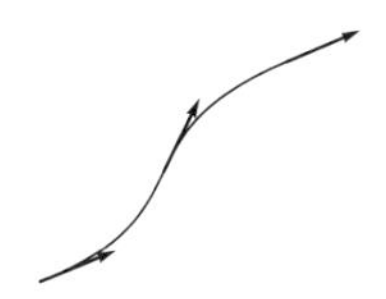

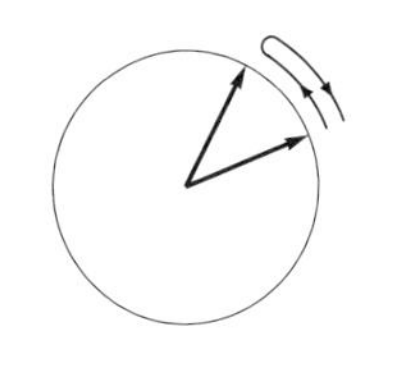

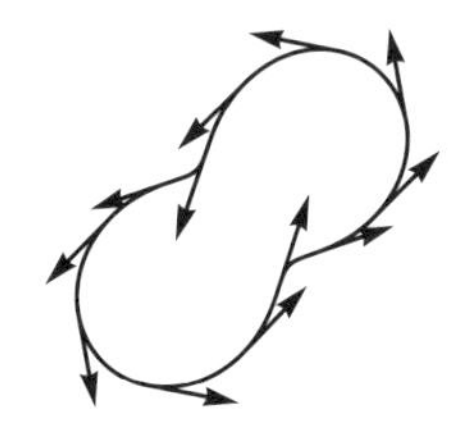

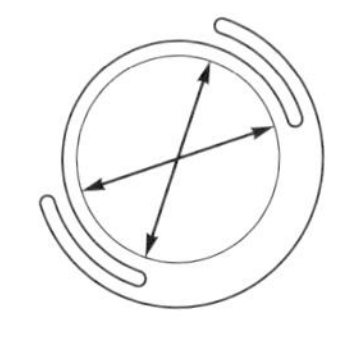

任意の単位ベクトル $\mathbf{u}$ をとり，これを単位円の上の点と考える．$\mathbf{T}(s)$ は少なくとも 1 回は $\mathbf{u}$ を通るが，複数回通過するときも

(時計と反対方向に通過する回数) − (時計方向に通過する回数) = 1

が必ず成り立つ．これより，$\int \kappa$ の積分の値はちょうど単位円一周の長さ 2π に等しくなることがわかる．これに対して，$\int |\kappa|$ の積分の値は 2π 以上となる．$\int |\kappa|$ の積分値がちょうど 2π となるのは $\mathbf{T}(s)$ が単位円周上をつねに同じ方向に動くときで，これが起こるのは C が図 1 のような「凸閉曲線」である場合のみである．以上のことを次の定理にまとめる．

定理 9.1 C が E^2 内の滑らかな単純閉曲線で，弧長パラメータによって反時計方向に一周するとき，

$$\int_0^L \kappa(s)\,ds = 2\pi, \qquad \int_0^L |\kappa(s)|\,ds \geq 2\pi$$

が成り立つ．さらに，

$$\int_0^L |\kappa(s)|\,ds = 2\pi$$

が成り立つのは C が凸閉曲線の場合であり，その場合に限る．

$\int |\kappa|$ の積分は曲線の曲がりをすべて反映するのに対して，$\int \kappa$ の積分では正負同量の曲がりがあると打ち消しあって曲がっていないのと同じになってしまう．曲線の曲がり具合を表す指標としては $\int |\kappa|$ の積分のほうが適任であるかもしれないが，$\int \kappa$ の積分には「単純閉曲線であれば形の違いによらずつねに同じ値になる」という特徴があり，興味深い幾何学的な量であると言える．

$\int |\kappa|$ の積分に関する定理 9.1 の内容は E^2 内の任意の閉曲線に対しても成り立ち，さらに E^3 内の閉曲線に拡張される．E^3 内では曲線の曲率 $\kappa(s)$ は正または 0 である．

定理 9.2 [122] C が E^3 内の滑らかな閉曲線であるとき，

$$\int_0^L \kappa(s)\,ds \geq 2\pi$$

が成り立つ．等号は C が平面凸閉曲線である場合にのみ成り立つ．

[122] Fenchel(1929).

証明の概略． C の単位接ベクトル $\mathbf{T}(s)$ の始点を原点へ移動することにより，$\mathbf{T}(s)$ を単位球面 S^2 上の曲線と見ることにする（§3.3 で

解説したガウス写像の考え方である）．

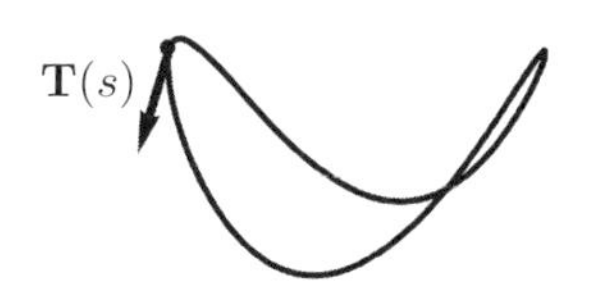

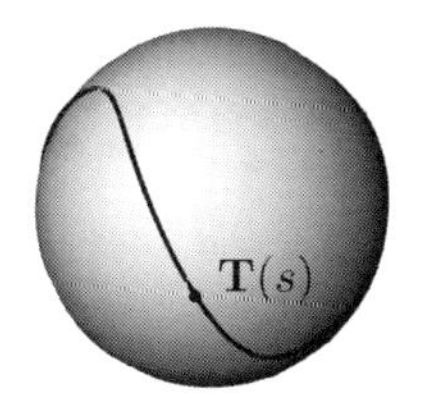

$$\left|\frac{d\mathbf{T}}{ds}\right| = \kappa(s)$$

であるから，$\int_0^L \kappa(s)\,ds$ は S^2 上の曲線としての $\mathbf{T}(s)$ の全長を表している．$\mathbf{T}(s)$ は S^2 上の閉曲線であるが，

$$\int_0^L \mathbf{T}(s)\,ds = \int_0^L \frac{d\mathbf{x}}{ds}\,ds = \mathbf{x}(L) - \mathbf{x}(0) = \mathbf{0} \qquad (9.1)$$

が成り立たなければならない．(9.1) より $\mathbf{T}(s)$ はどんな半球面にも含まれることがないことがわかる．なぜなら，もし半球面に含まれるとすると，その半球面の中心にある点の位置ベクトル $\mathbf{a}$ に対して，

$$\langle \mathbf{T}(s), \mathbf{a} \rangle > 0$$

が成り立つことになるが，このとき

$$\left\langle \int_0^L \mathbf{T}(s)\,ds, \mathbf{a} \right\rangle = \int_0^L \langle \mathbf{T}(s), \mathbf{a} \rangle\,ds > 0$$

となり，(9.1) に矛盾するからである．

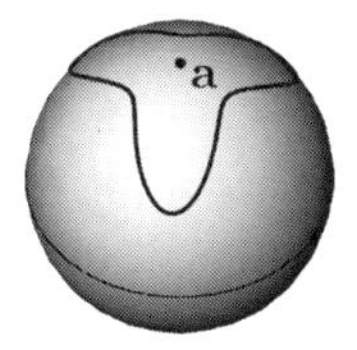

$\mathbf{a}$ を中心とする半球面に含まれる閉曲線

ところが，

「S^2 内の閉曲線がどんな半球面に含まれることがないならば，その長さは 2π 以上になる」[123)]

123) これは「クロフトン (Crofton) の公式」を用いて証明することができる．クロフトンの公式は「球面上の曲線に対して大円とその曲線の交点の個数を数え，大円全体の集合でその個数の平均をとると，平均値は曲線の長さに比例している」というもので，「積分幾何学」と呼ばれる幾何学の中の基本的な定理の一つである．

ので，定理の不等式が証明される．また，定理の等号が成り立つのは $\mathbf{T}(s)$ が S^2 内の大円である場合に限られることもわかり，このことから C が平面凸閉曲線となることが証明される． □

再び E^2 内の曲線に戻り，$\int\kappa$ の積分を（単純閉曲線であるとは限らない）E^2 内の閉曲線 C について考えると，単位接ベクトル $\mathbf{T}$ の単位円周上の動きを見ることにより，その値は 2π の整数倍になる[124] ことがわかり，次の定理が成り立つ．

定理 9.3　E^2 内の任意の閉曲線 $C:\mathbf{x}(s)$ に対して

$$\int_0^L \kappa(s)\,ds = 2\pi n$$

がある整数 n に対して成り立つ．

整数 n は C の回転数と呼ばれる[125]．

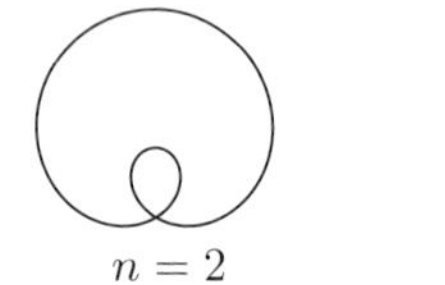

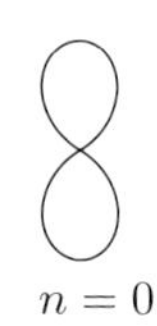

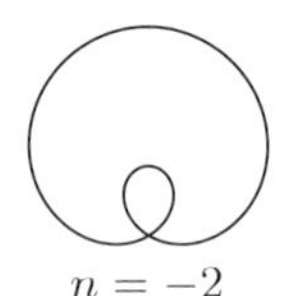

回転数 n の閉曲線

問 9.1

(1) 右図の E^2 内の閉曲線 C について，矢印の方向へ一周するときの C の回転数は 1 であることを確認せよ．

(2) $\int_C \kappa(s)\,ds$ の値を求めよ．

(3) (1) の結果より C は滑かな曲線からなる連続変形で単純閉曲線へ変形できるはずである．その変形を実際に作ってみよ．

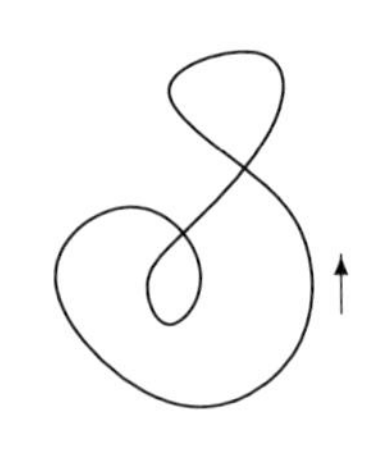

ここまで，$\int_0^L \kappa(s)\,ds$,　$\int_0^L |\kappa(s)|\,ds$ という積分量について考えてきたが，これに加えて

$$\int_0^L \kappa(s)^2\,ds$$

という積分量について考えてみよう[126]．

124) 任意の単位ベクトル $\mathbf{u}$ に対して $\mathbf{T}(s)$ が単位円上で $\mathbf{u}$ を通過するとき，(時計と反対方向に通過する回数) − (時計方向に通過する回数) の値は $\mathbf{u}$ にかかわらずある一定の整数値 n になる．

125) 回転数は E^2 内の閉曲線の「正則ホモトピー」と関係が深い． ホモトピーは曲線の連続的な変形のことであるが，正則ホモトピーは曲線の微分可能性，滑らかさを保つホモトピーのことである．すなわち，2 つの滑らかな平面閉曲線 C_1, C_2 の間に滑らかな閉曲線から成る連続変形が存在するとき，C_1 と C_2 は正則ホモトピックであると言う．C_1 と C_2 が正則ホモトピックであるための必要十分条件はそれらの回転数が等しいことであることが知られている（ホイットニー (Whitney) の定理）．定理 9.3 は平面閉曲線の $\int\kappa$ が正則ホモトピー類に対して固有の量であることを示している．

126) この積分は与えられた曲線の形をピアノ線で作ったときに曲線がもつ「弾性エネルギー」を表している．曲線を放置すると，この積分の値を小さくするように変形していくと考えられる．

定理 9.4　C が E^2 内の長さ L の滑らかな単純閉曲線であるとき，

$$\int_0^L \kappa(s)^2\,ds \geq \frac{4\pi^2}{L}$$

が成り立つ．等号が成り立つのは C が円の場合であり，その場合に限る．

証明.　C が単純閉曲線であるとき，

$$\int_0^L \kappa(s)\,ds = 2\pi \tag{9.2}$$

であるから，次の等式が成り立つ[127]．

$$\begin{aligned}\int_0^L \left(\kappa(s) - \frac{2\pi}{L}\right)^2 ds &= \int_0^L \kappa^2 ds - \frac{4\pi}{L}\int_0^L \kappa\,ds + \frac{4\pi^2}{L^2}\int 1\,ds \\ &= \int_0^L \kappa^2 ds - \frac{8\pi^2}{L} + \frac{4\pi^2}{L} \\ &= \int_0^L \kappa(s)^2 ds - \frac{4\pi^2}{L}\end{aligned} \tag{9.3}$$

これより

$$\int_0^L \kappa(s)^2\,ds \geq \frac{4\pi^2}{L} \tag{9.4}$$

が証明される．等号が成り立つのは，すべての s について $\kappa(s) = \frac{2\pi}{L}$ が成り立つときであり，C は円となる[128]．□

127) (9.2) より $\frac{2\pi}{L}$ は「κ の平均値」であると考えることができる．そうすると，ここに出てくる $\int_0^L \left(\kappa(s) - \frac{2\pi}{L}\right)^2 ds$ は「κ の分散」と見ることができる．

128) ⇒ 問 3.3

注 1.　定理 9.4 の証明は一般の E^2 内の滑かな閉曲線 C に対しても適用することができ，C の回転数が n であるとき，$\int_0^L \kappa(s)^2 ds \geq \frac{4n^2\pi^2}{L}$ が成り立つ．$n \neq 0$ のとき，等号が成り立つのは C が半径 $\frac{L}{2n\pi}$ の円を n 周したものであるときになる．$n = 0$ の場合は，この議論からは $\int_0^L \kappa(s)^2 ds \geq 0$ という自明な不等式しか得られないが，$\int_0^L \kappa(s)^2 ds$ の下限は他にあり，下限を与える曲線の形は円ではない．ピアノ線で作った「8 の字」型の閉曲線を放置したときにできる形がこれにあたる．

注 2.　定理 9.4 の別の証明を与えよう．こちらの証明はやや大げさであるが利点もある．それについてはあとで説明しよう．証明の一部でコーシー–シュワルツ (Cauchy–Schwarz) の不等式

$$\left(\int_a^b f(x)g(x)dx\right)^2 \le \left(\int_a^b f(x)^2 dx\right)\left(\int_a^b g(x)^2 dx\right)$$

を用いている．C の単位法ベクトルを $\mathbf{N}(s)$ とする．曲率について $\kappa(s) = \langle d\mathbf{T}/ds, \mathbf{N}\rangle$ が成り立つ．曲線 C を適当に平行移動して $\mathbf{x}(0) - \frac{L}{2\pi}\mathbf{N}(0) = \mathbf{0}$ となるようにしておく．このとき，次の式が成り立つ．

$$\begin{aligned}
\left|\mathbf{x}(s) - \frac{L}{2\pi}\mathbf{N}(s)\right| &= \left|\int_0^s \left(\frac{d\mathbf{x}}{ds} - \frac{L}{2\pi}\frac{d\mathbf{N}}{ds}\right) ds\right| \\
&= \left|\int_0^s \left(1 - \frac{L}{2\pi}\kappa(s)\right)\frac{d\mathbf{x}}{ds}\, ds\right| \\
&\le \int_0^s \left|1 - \frac{L}{2\pi}\kappa(s)\right| \left|\frac{d\mathbf{x}}{ds}\right| ds \\
&= \int_0^s \left|1 - \frac{L}{2\pi}\kappa(s)\right| ds \\
&= \frac{L}{2\pi}\int_0^s \left|\kappa(s) - \frac{2\pi}{L}\right| ds \\
&\le \frac{L}{2\pi}\int_0^L \left|\kappa(s) - \frac{2\pi}{L}\right| ds \\
&= \frac{L}{2\pi}\int_0^L 1\cdot\left|\kappa(s) - \frac{2\pi}{L}\right| ds \\
&\le \frac{L}{2\pi}\left(\int_0^L 1\, ds\right)^{1/2}\left(\int_0^L \left(\kappa(s) - \frac{2\pi}{L}\right)^2 ds\right)^{1/2} \\
&= \frac{L}{2\pi}L^{1/2}\left(\int_0^L \left(\kappa(s) - \frac{2\pi}{L}\right)^2 ds\right)^{1/2} \\
&= \frac{L^{3/2}}{2\pi}\left(\int_0^L \kappa(s)^2 ds - \frac{4\pi^2}{L}\right)^{1/2}
\end{aligned} \tag{9.5}$$

$$\begin{aligned}
&\left|\frac{L}{2\pi}\mathbf{N}(s)\right| - \left|\mathbf{x}(s) - \frac{L}{2\pi}\mathbf{N}(s)\right| \\
&\qquad\le |\mathbf{x}(s)| \le \left|\frac{L}{2\pi}\mathbf{N}(s)\right| + \left|\mathbf{x}(s) - \frac{L}{2\pi}\mathbf{N}(s)\right|
\end{aligned}$$

であるから，(9.5) より

$$\begin{aligned}
&\frac{L}{2\pi} - \frac{L^{3/2}}{2\pi}\left(\int_0^L \kappa(s)^2 ds - \frac{4\pi^2}{L}\right)^{1/2} \\
&\qquad\le |\mathbf{x}(s)| \le \frac{L}{2\pi} + \frac{L^{3/2}}{2\pi}\left(\int_0^L \kappa(s)^2 ds - \frac{4\pi^2}{L}\right)^{1/2}
\end{aligned} \tag{9.6}$$

が導かれる．この式からも $\int_0^L \kappa(s)^2 ds = \frac{4\pi^2}{L}$ のとき C が円であることが導かれるが，それだけではなく，(9.6) からは $\int_0^L \kappa(s)^2 ds$ が下限の $\frac{4\pi^2}{L}$ に近いとき，C の形が円に近いことが定量的に示される．すなわち，$\int_0^L \kappa(s)^2 ds - \frac{4\pi^2}{L} < \varepsilon \ (\varepsilon > 0)$ であるとき，C は半径 $\frac{L}{2\pi} - \frac{L^{3/2}\varepsilon}{2\pi}$ の円と半径 $\frac{L}{2\pi} + \frac{L^{3/2}\varepsilon}{2\pi}$ の円にはさまれた領域の中に収まっていることがわかる．

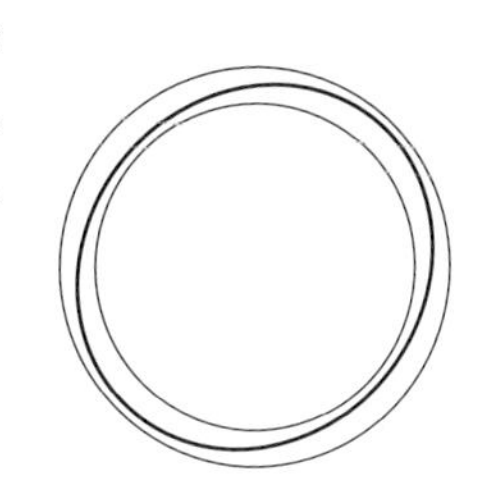

微分幾何学では，（何らかの形で定義された）曲率が一定であると（何らかの意味で）きれいな形になることが多く，そのようなことを述べた定理が数多くある．それでは「曲率がほぼ一定」であるならば「ほぼきれいな形になっている」か，という問題は面白い問題と言えるのではないだろうか．答は問題の設定により YES のことも NO のこともあるが，仮に YES であったとしても，曲率が一定である場合の証明の方法がそのままでは通用しないことも多い．ここでは，ユークリッド平面内の単純閉曲線という最も単純であると思われる場合について，そのような観点から考察した．曲線の曲率が各点で一定値に近いときにその曲線が円に近いこと（任意の $\varepsilon > 0$ に対して，「$\left|\kappa(s) - \frac{1}{R}\right| < \delta$ ならば C は半径が $R - \varepsilon$ と $R + \varepsilon$ の同心円の間にある」ことが成り立つような $\delta > 0$ が存在すること）はもう少し簡単に証明することができる．ここでは，曲線全体での積分値が円に近いことしか仮定しないので，曲線の一部では（微小な部分弧であれば）曲率が大きくずれることを許している点に注意してほしい．

注 3. $\int \kappa$, $\int |\kappa|$, $\int \kappa^2$ を比較すると，その値が最小となる曲線の形が最も限定されるのが $\int \kappa^2$ で，最も緩やかなのが $\int \kappa$, 中間的なのが $\int |\kappa|$ と言うことができる．変形に対しては $\int \kappa$ が最も不変性が強く，$\int \kappa^2$ は変わりやすく，$\int |\kappa|$ はその中間であると言える．曲率の積分は，どのように積分するかによってその性質が異なり，その使い道も変わってくる．

9.2 ガウス曲率の積分—ガウス–ボンネの定理 (1)

曲面の曲率をその曲面上で積分して得られる量については様々な

研究結果がある．曲面では曲線よりもさらにいろいろな曲率を考えることができるので，その分だけ研究の対象も広がっている．ここでは，ガウス曲率を曲面上で積分したものに関する「ガウス–ボンネの定理」[129] と呼ばれる結果を紹介する．まず，端（境界）のある曲面片についてのガウス–ボンネの定理をこの節で，閉曲面についてのガウス–ボンネの定理を次節で紹介する．ガウス曲率は曲面の第1基本形式（リーマン計量）によって定まる内在的な量であるから，その積分量もリーマン多様体としての曲面の性質を反映しているものである．したがって，証明も本来はリーマン計量のみを用いてなされるべきものであるが，ここではユークリッド空間内にあることを前提として，第2基本形式などの道具を用いて証明することにする．

[129] Friedrich Gauss (1777–1855), Pierre Bonnet (1819–1892).

S を E^3 内の円板に同相な曲面で単純閉曲線 C を境界としてもつものとする．K, $\mathbf{N}$, dA はそれぞれ S のガウス曲率，単位法ベクトル，面積要素を表すものとする．また，C の弧長によるパラメータ表示を $\mathbf{x}(s)$ とする．$\mathbf{T} = d\mathbf{x}/ds$ とすると，$\mathbf{T}$ は C の単位接ベクトルになる．$\{\mathbf{e}_1, \mathbf{e}_2\}$ を S に接するベクトル場の組で S 上の各点で S の接平面の正規直交基底をつくるものとすると，C 上で $\mathbf{T}$ は

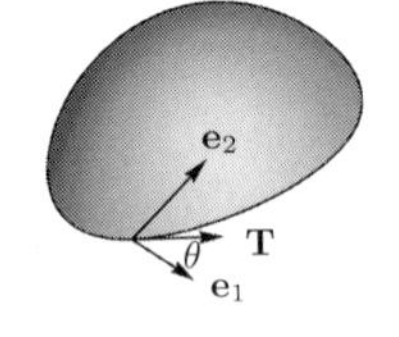

$$\mathbf{T} = \cos\theta\,\mathbf{e}_1 + \sin\theta\,\mathbf{e}_2$$

と表すことができる．

$$\mathbf{X} = -\sin\theta\,\mathbf{e}_1 + \cos\theta\,\mathbf{e}_2$$

とおくと $\mathbf{X}$ は C に垂直な S の接ベクトルである．このとき，曲面 S の曲線としての C の曲率を κ, S の共変微分を D とすると，

$$D_{\mathbf{T}}\mathbf{T} = \kappa\mathbf{X}$$

が成り立つ．このとき，次の定理が成り立つ．

定理 9.5

$$\int_S K\,dA = 2\pi - \int_C \kappa(s)\,ds$$

証明． $\cos\theta = \langle \mathbf{T}, \mathbf{e}_1 \rangle$ の両辺を s で微分すると，E^3 の共変微分

（方向微分）を $\bar{D}$ として，

$$-\sin\theta\frac{d\theta}{ds} = \langle \bar{D}_{\mathbf{T}}\mathbf{T}, \mathbf{e}_1\rangle + \langle \mathbf{T}, \bar{D}_{\mathbf{T}}\mathbf{e}_1\rangle$$

を得るが，

$$\langle \bar{D}_{\mathbf{T}}\mathbf{T}, \mathbf{e}_1\rangle = \langle D_{\mathbf{T}}\mathbf{T}, \mathbf{e}_1\rangle = \langle \kappa\mathbf{X}, \mathbf{e}_1\rangle = -\kappa\sin\theta$$

$$\langle \mathbf{T}, \bar{D}_{\mathbf{T}}\mathbf{e}_1\rangle = \langle \mathbf{T}, \langle \bar{D}_{\mathbf{T}}\mathbf{e}_1, \mathbf{e}_2\rangle\mathbf{e}_2\rangle = \langle \bar{D}_{\mathbf{T}}\mathbf{e}_1, \mathbf{e}_2\rangle\sin\theta$$

より，

$$\frac{d\theta}{ds} = \kappa - \langle \bar{D}_{\mathbf{T}}\mathbf{e}_1, \mathbf{e}_2\rangle$$

を得る．これより，任意の s_1, s_2 について

$$\begin{aligned}\theta(s_2) - \theta(s_1) &= \int_{s_1}^{s_2}\frac{d\theta}{ds}\,ds \\ &= \int_{s_1}^{s_2}\kappa(s)\,ds - \int_{s_1}^{s_2}\langle \bar{D}_{\mathbf{T}}\mathbf{e}_1, \mathbf{e}_2\rangle\,ds\end{aligned} \tag{9.7}$$

が成り立つ．さて，C の長さを L とすると $\mathbf{x}(0)$ と $\mathbf{x}(L)$ は同一点，$\mathbf{T}(0)$ と $\mathbf{T}(L)$ は同一方向のベクトルであるが，$\mathbf{T}$ と $\mathbf{e}_1$ の間の角 θ は C に沿って一周する間に 2π だけ増加する（S が円板に同相で C が単純閉曲線であればいつでも θ は 2π だけ増加する）．よって (9.7) より

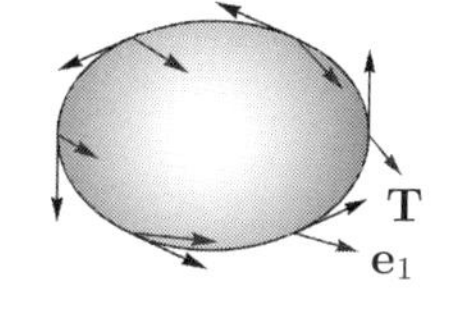

$$\int_C\kappa\,ds - \int_C\langle \bar{D}_{\mathbf{T}}\mathbf{e}_1, \mathbf{e}_2\rangle\,ds = 2\pi \tag{9.8}$$

が成り立つ．

ストークスの定理 (2.4) を $\mathbf{Y} = \mathbf{e}_2$, $\mathbf{Z} = \mathbf{e}_1$ として適用すると

$$\begin{aligned}&\int_C\langle \bar{D}_{\mathbf{T}}\mathbf{e}_1, \mathbf{e}_2\rangle\,ds \\ &= \int_S(\langle \bar{D}_{\mathbf{e}_1}\mathbf{e}_2, \bar{D}_{\mathbf{e}_2}\mathbf{e}_1\rangle - \langle \bar{D}_{\mathbf{e}_2}\mathbf{e}_2, \bar{D}_{\mathbf{e}_1}\mathbf{e}_1\rangle)\,dA \\ &= \int_S(\langle D_{\mathbf{e}_1}\mathbf{e}_2 - \langle A(\mathbf{e}_1), \mathbf{e}_2\rangle\mathbf{N}, D_{\mathbf{e}_2}\mathbf{e}_1 - \langle A(\mathbf{e}_2), \mathbf{e}_1\rangle\mathbf{N}\rangle \\ &\qquad - \langle D_{\mathbf{e}_2}\mathbf{e}_2 - \langle A(\mathbf{e}_2), \mathbf{e}_2\rangle\mathbf{N}, D_{\mathbf{e}_1}\mathbf{e}_1 - \langle A(\mathbf{e}_1), \mathbf{e}_1\rangle\mathbf{N}\rangle)\,dA \\ &= \int_S\big(\langle D_{\mathbf{e}_1}\mathbf{e}_2, D_{\mathbf{e}_2}\mathbf{e}_1\rangle + \langle A(\mathbf{e}_1), \mathbf{e}_2\rangle\langle A(\mathbf{e}_2), \mathbf{e}_1\rangle \\ &\qquad - \langle D_{\mathbf{e}_2}\mathbf{e}_2, D_{\mathbf{e}_1}\mathbf{e}_1\rangle - \langle A(\mathbf{e}_2), \mathbf{e}_2\rangle\langle A(\mathbf{e}_1), \mathbf{e}_1\rangle\big)\,dA\end{aligned}$$

$D_{\mathbf{e}_1}\mathbf{e}_2 \perp \mathbf{e}_2$, $D_{\mathbf{e}_2}\mathbf{e}_1 \perp \mathbf{e}_1$ より $\langle D_{\mathbf{e}_1}\mathbf{e}_2, D_{\mathbf{e}_2}\mathbf{e}_1\rangle = 0$, $D_{\mathbf{e}_2}\mathbf{e}_2 \perp \mathbf{e}_2$, $D_{\mathbf{e}_1}\mathbf{e}_1 \perp \mathbf{e}_1$ より $\langle D_{\mathbf{e}_2}\mathbf{e}_2, D_{\mathbf{e}_1}\mathbf{e}_1\rangle = 0$ である．また，ガウス曲率 K について

$$K = \langle A\mathbf{e}_1, \mathbf{e}_1\rangle\langle A\mathbf{e}_2, \mathbf{e}_2\rangle - \langle A\mathbf{e}_1, \mathbf{e}_2\rangle\langle A\mathbf{e}_2, \mathbf{e}_1\rangle$$

が成り立つから，

$$\int_C \langle \bar{D}_{\mathbf{T}}\mathbf{e}_1, \mathbf{e}_2\rangle\, ds = -\int_S K\, dA \tag{9.9}$$

を得る．(9.8), (9.9) より

$$\int_S K\, dA = 2\pi - \int_C k\, ds \tag{9.10}$$

が証明される． □

定理 9.5 は C が曲がり角をもつ場合に拡張することができる．

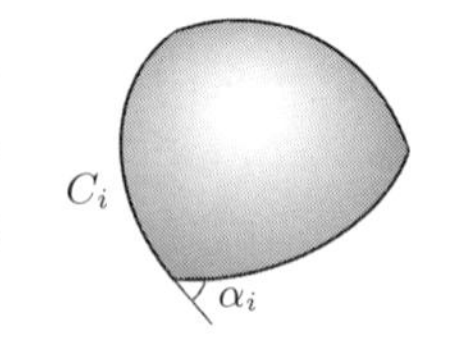

C が $s = s_0, s_1, \ldots, s_m$ で曲がり角をもつとき，曲がり角 $\mathbf{x}(s_i)$ における $\mathbf{T}$ の（符号付きの）回転角を α_i, 部分弧 $\{\mathbf{x}(s) \mid s_{i-1} < s < s_i\}$ を C_i で表すことにする．このとき，θ の増加量は各 C_i については (9.7) より

$$\theta(s_i) - \theta(s_{i-1}) = \int_{s_{i-1}}^{s_i} \kappa(s)\, ds - \int_{s_{i-1}}^{s_i} \langle \bar{D}_{\mathbf{T}}\mathbf{e}_1, \mathbf{e}_2\rangle\, ds$$

で計算され，曲がり角では α_i を加えればよいから，C 全体としては

$$\sum_{i=1}^{m} \int_{C_i} \kappa(s)\, ds + \sum_{i=1}^{m} \alpha_i - \sum_{i=1}^{m} \int_{C_i} \langle \bar{D}_{\mathbf{T}}\mathbf{e}_1, \mathbf{e}_2\rangle\, ds = 2\pi$$

が成り立ち，次の定理を得る．

定理 9.6

$$\int_S K\, dA = 2\pi - \sum_{i=1}^{m} \int_{C_i} \kappa\, ds - \sum_{i=1}^{m} \alpha_i.$$

定理 9.6 を用いると曲面のガウス曲率について次のような解釈が可能となる．

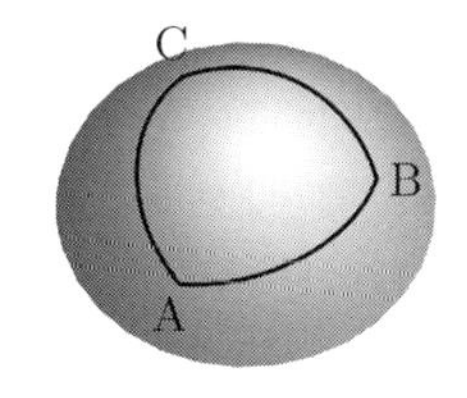

p を S 上の点とする．p を内部に含むような 3 本の測地線からなる三角形 $\triangle$ABC を作る．$\angle$A, $\angle$B, $\angle$C を内角の大きさとすると，測地線上では $\kappa = 0$ であるから，定理 9.6 より

$$\int_{\triangle \mathrm{ABC}} K\, dA = \angle \mathrm{A} + \angle \mathrm{B} + \angle \mathrm{C} - \pi$$

が成り立つ．すなわち，ガウス曲率の積分は三角形の内角の和と π との差を与えている．これより $K(p)$ は $\triangle$ABC を p へ収束するように小さくしていったときの

$$\frac{\angle \mathrm{A} + \angle \mathrm{B} + \angle \mathrm{C} - \pi}{\mathrm{Area}(\triangle \mathrm{ABC})}$$

の極限値であることがわかる．測地線，面積，内角はすべて曲面 S の第 1 基本形式から決まる「内在的な」量であるから，このことからもガウス曲率が内在的な量であることが示される．

問 9.2 単位球面 S^2 において次のそれぞれの閉曲線 C と C によって囲まれる領域 S においてガウス–ボンネの定理が成り立っていることを確認せよ．

(1) C : 1 辺の長さが $\frac{\pi}{2}$ の測地正三角形

(2) C : 半径 a の測地円 $(0 < a < \pi)$

問 9.3 双曲平面 H^2 内の半径 a の測地円 C と C によって囲まれる領域 S においてガウス–ボンネの定理が成り立っていることを確認せよ．

9.3 ガウス曲率の積分—ガウス–ボンネの定理 (2)

S を E^3 内の向きづけられた閉曲面とし，$\chi(S)$ を S のオイラー標数 [130] とする．このとき，次の定理が成り立つ．

130) Leonhard Euler (1707–1783).

定理 9.7

$$\int_S K\, dA = 2\pi\chi(S).$$

ここで，オイラー標数などの位相幾何学的な概念について簡単に述べておこう．次表の 3 つの曲面はお互いに位相同型ではない（連続な全単射が存在しない）．2 つの曲面が位相同型であるかどうかを判

定するためのいくつかの指標がある．まず，閉曲面の「種数 (genus)」とは穴の数のことである．閉曲面 S の種数を $g(S)$ とすると，オイラー標数との間には $\chi(S) = 2 - 2g(S)$ の関係がある．また，ベッチ数[131] という指標もある．ベッチ数には 0 次元，1 次元，2 次元のものがあり，それぞれを b_0, b_1, b_2 で表すと，オイラー標数との間に $\chi(S) = b_0 - b_1 + b_2$ という関係がある．S が連結であれば $b_0 = 1$，S が囲む領域が連結であれば $b_2 = 1$ である．b_1 は S 上の閉曲線で「その線に沿って切り込みを入れても S が分離しないような」ものの最大数のことである[132]．ベッチ数はガウス曲率の絶対値の積分 $\int_S |K|\, dA$ の議論の中で登場する．

[131] Enrico Betti (1823–1892).

[132] 種数 1 の曲面は 2 本の閉曲線に沿って切れ込みを入れてもちぎれない．

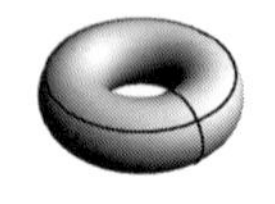

$g(S)$	0	1	2
$\chi(S)$	2	0	-2
b_0	1	1	1
b_1	0	2	4
b_2	1	1	1

定理の証明には §4.2 で解説したガウス写像を利用することにしよう．S 上の点 p における外向きの単位法ベクトルを $\mathbf{N}(p)$ とする．ガウス写像は，E^3 内の平行移動によって $\mathbf{N}(p)$ の始点を原点へ移動し単位球面 S^2 の点と見なすことによって定義される，S から S^2 への写像である．

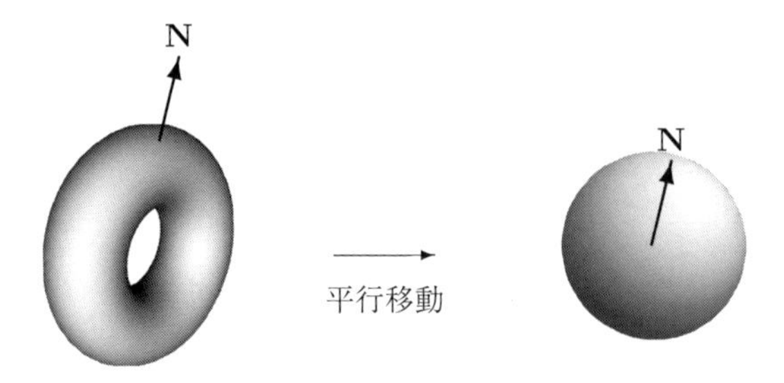

このとき，Ω を S 上の微小領域 とし，Ω の面積を dA とすると，

$\{\mathbf{N}(p) \mid p \in \Omega\}$ の S^2 内での面積は $|K|\,dA$ になる.

微小領域のガウス写像

$K > 0$ のときには $\mathbf{N}$ の単位球面 S^2 へ平行移動によって曲面の「向き」は保たれ, $K < 0$ のときには曲面の「向き」は保たれない.

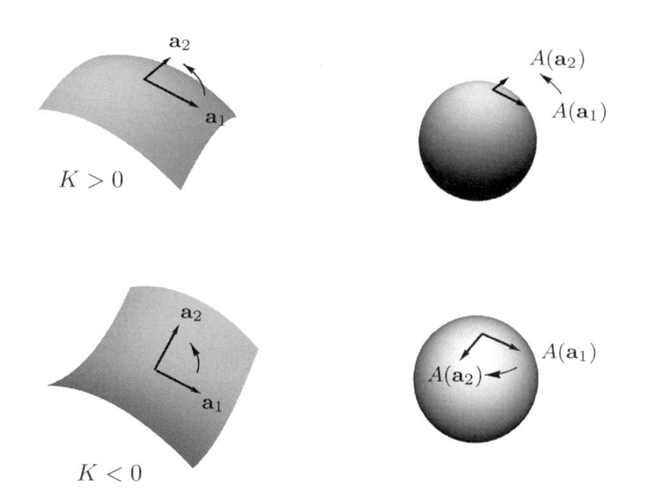

定理 9.7 の証明. このとき, 微分位相幾何学の一般的な定理によって次の性質があることがわかる. 単位ベクトル $\mathbf{u}$ を S^2 の点と見なし, $\mathbf{N}(p) = \mathbf{u}$ となる S 上の点を $p_1, \ldots, p_N$ とする. $p_1, \ldots, p_N$ のうち, $\mathbf{N}$ の単位球面 S^2 へ平行移動によってそのまわりの微小曲面の向きが保たれるものの個数を m, 向きが保たれないものの数を $N - m$ とするとき,

$$m - (N - m) = \frac{\chi(S)}{2} \tag{9.11}$$

が成り立つ[133].

[133] これは, §9.1 で解説した, 平面閉曲線の単位接ベクトル $\mathbf{T}$ の動きを単位円上で見たとき, 単位円上のそれぞれの点 $\mathbf{u}$ について「$\mathbf{T}$ が $\mathbf{u}$ を反時計方向に通過する回数」と「$\mathbf{T}$ が $\mathbf{u}$ を時計方向に通過する回数」の差が 1（単純閉曲線の場合. 一般には閉曲線の回転数）に等しい, という事実の曲面版と言えるかもしれない.

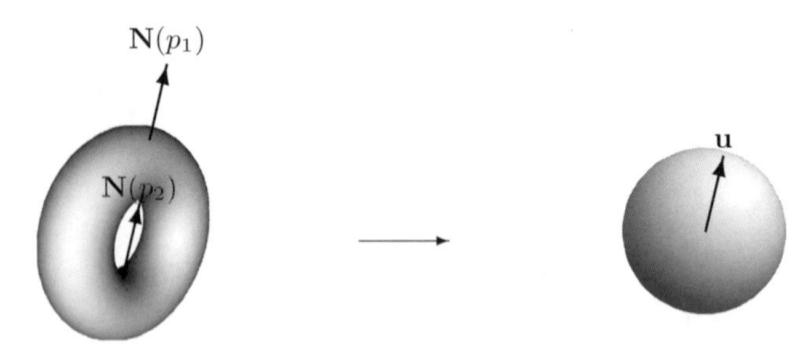

$N=2, m=1$ ($\chi(S)=0$) の例

σ を S^2 の微小領域，$\Omega_1,\ldots,\Omega_N$ を S の微小領域でそこでの $\mathbf{N}$ が平行移動によって σ へ移るようなものとする．さらに，$\Omega_1,\ldots,\Omega_m$ では $K>0$ で $\mathbf{N}$ の平行移動によって向きが保たれ，$\Omega_{m+1},\ldots,\Omega_N$ では $K<0$ で $\mathbf{N}$ の平行移動によって向きが保たれないとする．K を Ω_i $(i=1,\ldots,m)$ で積分したものはみな σ の面積に等しく，Ω_i $(i=m+1,\ldots,N)$ では $-K$ を積分したものがみな σ の面積に等しくなるから，(9.11) より

$$\begin{aligned}\sum_{i=1}^{N}\int_{\Omega_i} K\,dA &= \sum_{i=1}^{m}\int_{\Omega_i} K\,dA + \sum_{i=m+1}^{N}\int_{\Omega_i} K\,dA \\ &= \sigma\text{の面積} \times (m-(N-m)) \\ &= \sigma\text{の面積} \times \frac{\chi(S)}{2}\end{aligned} \tag{9.12}$$

が成り立つ．S^2 全体で考えると (9.12) より

$$\int_S K\,dA = (S^2\text{の面積}) \times \frac{\chi(S)}{2} = 2\pi\chi(S)$$

となり，定理 9.7 が証明される．□

注 1. 定理 9.7 はガウス曲率の全積分が曲面の位相的な性質にのみ依存して，大きさや細かい形の違いには影響されないことを示している．

注 2. ガウス曲率は曲面の第 1 基本形式から定まる「内在的」な量であるから，定理 9.7 は E^3 内にあることを仮定しないでも考えることができるはずである．実際，定理 9.7 には「内在的な証明」がある．チャーン[134] によるこの証明は現代の幾何学のひとつの重要な

134) Chern，1944 年の論文．

出発点となっている.

注 3. S が境界のある有界な曲面である場合は, S の境界を C, C の S 上の曲線としての（適当な法線方向に関する）曲率を κ とすると

$$\int_S K\,dA + \int_C \kappa\,ds = 2\pi\chi(S)$$

という形で定理 9.7 と同様の定理が成り立つ.

注 4. 完備な開曲面 S 上でのガウス曲率の積分については

$$\int_S K\,dA \le 2\pi\chi(S)$$

が成り立つ[135].

135) Cohn–Vossen (1935).

9.4 ガウス曲率の絶対値の積分

定理 9.7 の証明を見直すと E^3 内の閉曲面 S に対する $\int_S |K|\,dA$ に関する不等式を得ることができる.

定理 9.7 の証明と同じ記号を用いると, (9.12) 式は $|K|$ の積分の場合は

$$\sum_{i=1}^{N} \int_{\Omega_i} |K|\,dA = \sigma \text{の面積} \times N \qquad (9.13)$$

となる. ここで N は S^2 の点と見なした単位ベクトル $\mathbf{u}$ に対して, $\mathbf{N}(p) = \mathbf{u}$ となる S 上の点 p の個数である. ここで, p は S 上の関数 $h_{\mathbf{u}} : x \longrightarrow \langle x, \mathbf{u} \rangle$ [136] の臨界点であることに注目し, 微分可能多様体上の関数の臨界点の個数に関する「モース理論」[137] を利用しよう. p が $h_{\mathbf{u}}$ の臨界点であるとき, p は $h_{-\mathbf{u}}$ の臨界点でもあることに注意しておこう.

136) 「高さ関数」と呼ばれる.

137) Marston Morse (1892–1977).

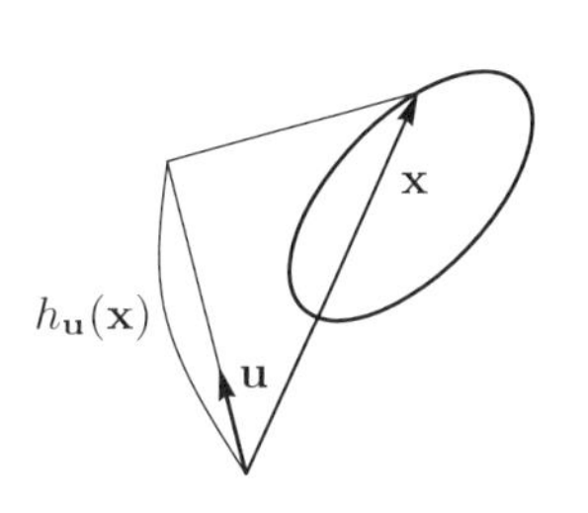

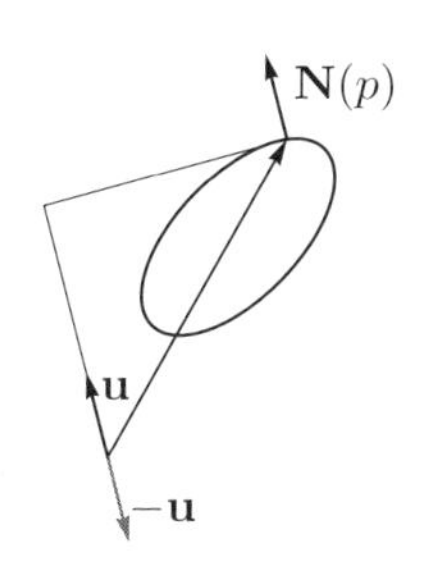

モース理論によれば S 上の関数の臨界点の個数は S の位相的な性質に関係がある．すなわち，S の 0,1,2 次元のベッチ数を b_0, b_1, b_2 とするとき，

$$N \geq b_0 + b_1 + b_2 \tag{9.14}$$

が成り立つ[138]．(9.13), (9.14) より

$$\sum_{i=1}^{N} \int_{\Omega_i} |K|\, dA \geq (\sigma \text{ の面積}) \times (b_0 + b_1 + b_2) \tag{9.15}$$

を得る．$\mathbf{u}$ を S^2 全体で動かして考えると，左辺は S 全体での積分になるが，各 Ω_i における積分は $\mathbf{u}$ と $-\mathbf{u}$ に対応してちょうど 2 回行われるから，

$$2\int_S |K|\, dA \geq (S^2 \text{ の面積}) \times (b_0 + b_1 + b_2)$$

すなわち

$$\int_S |K|\, dA \geq 2\pi(b_0 + b_1 + b_2) \tag{9.16}$$

が成り立つ．$b_0 - b_1 + b_2 = \chi(S)$, $b_0 = 1$, $b_2 = 1$ であるから (9.16) より次の定理を得る．

定理 9.8 $\displaystyle\int_S |K|\, dA \geq 2\pi(4 - \chi(S))$.

したがって，例えば，

$$\int_S |K|\, dA < 6\pi$$

ならば，$b_0 = 1$, $b_1 = 0$, $b_2 = 1$ でなければならず，S は球面と同相であることがわかる．

138) 実はモース理論による結果はもっと精密で，臨界点において 2 次微分が作る対称行列の固有値のうち負であるものが k 個であるような臨界点の個数とベッチ数 b_k の間の不等式を与えている．

9.5 平均曲率の積分—ミンコフスキーの積分公式とその応用

この節では，平均曲率の積分に関する「ミンコフスキーの積分公式」[139] を紹介し，その応用として正のガウス曲率をもつ E^3 内の閉曲面に関する定理（定理 5.3 とその一般化）の証明を紹介しよう．

139) Hermann Minkowski (1864–1909).

まず，E^3 内の向きづけられた閉曲面 S 上に支持関数と呼ばれる関数を定義する．S の点 $\mathbf{x}$ における単位法ベクトルを $\mathbf{N}$ とするとき，$p = \langle \mathbf{x}, \mathbf{N} \rangle$ によって定義される S 上の関数を **支持関数** と言う．

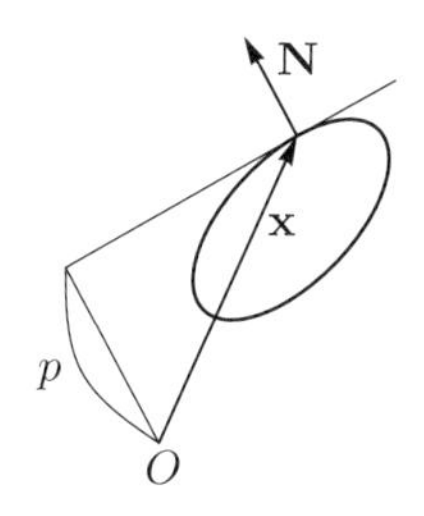

定理 9.9（ミンコフスキーの積分公式）

S を E^3 内の向きづけられた閉曲面とし，H を S の平均曲率，K をガウス曲率とするとき，次が成り立つ．

(I) $\displaystyle\int_S pH\,dA = S$ の面積

(II) $\displaystyle\int_S pK\,dA = \int_S H\,dA$

証明の概略． (I) はストークスの定理 (2.5) を $\mathbf{Y} = \mathbf{x} \times \mathbf{N}$, $\mathbf{Z} = \mathbf{N}$ として適用することによって得られる．(II) は (2.5) を $\mathbf{Y} = \mathbf{x} \times \mathbf{N}$, $\mathbf{Z} = \mathbf{x}$ として適用することによって得られる．

それでは，定理 9.9 を用いて定理 5.3 の別証明を与えよう．

定理 5.3 E^3 内の閉曲面でガウス曲率が正で一定であるものは球面に合同である．

証明． まずはじめに，ガウス曲率がいたるところで正であることから，S は凸な閉曲面となる．「凸な閉曲面」というのは「S 上の任意の 2 点 A,B に対して，A と B を結ぶ線分は必ず S が囲む領域の内部に含まれる」という性質をもつ向きづけられた[140]閉曲面のことである．ガウス曲率が正であるときの曲面の形の特徴 (§4.1) から，直観的には推測されるが，数学的な証明はアダマールによる[141]．

140) 向きづけられた曲面でないと「囲む領域の内部」という概念が存在しない．

141) Hadamard, 1896 年の論文．

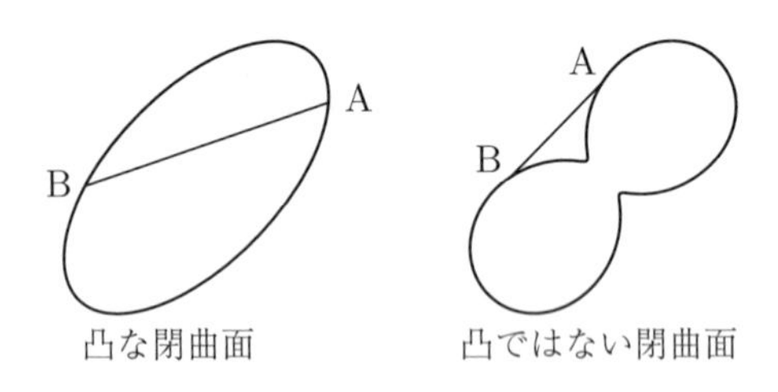

凸な閉曲面　　凸ではない閉曲面

S は凸な閉曲面であるので，S の内部の点を原点にとることにより，S 上で $p > 0$ とすることができる．また，主曲率 λ, μ はともに正であると仮定することができる．ガウス曲率は正で一定であるから $K = c$（c は正の定数）とおける．このとき

$$H^2 = \frac{(\lambda+\mu)^2}{4} \geq \lambda\mu = K = c$$

より $|H| \geq \sqrt{c}$ が成り立つ．単位法ベクトルの方向を適当にとることによって $H \geq \sqrt{c}$ と考えてよい．ミンコフスキーの積分公式 (I),(II) を用いると

$$\begin{aligned}
\int_S p\,dA &= \frac{1}{c}\int_S pK\,dA \\
&= \frac{1}{c}\int_S H\,dA \\
&\geq \frac{1}{c}\int_S \sqrt{c}\,dA \\
&= \frac{1}{\sqrt{c}} \times (S\text{ の面積}) \\
&= \frac{1}{\sqrt{c}}\int_S pH\,dA \\
&\geq \frac{1}{\sqrt{c}}\int_S \sqrt{c}\,p\,dA \\
&= \int_S p\,dA
\end{aligned}$$

を得るから $H = \sqrt{c}$ が成り立たなければならない．したがって S 上で $\lambda = \mu$ が成り立ち，定理 5.4 より S は半径 $1/\sqrt{c}$ の球面である． □

定理 5.3 は，ガウス曲率が一定でない場合に拡張され，次の定理が成り立つ．この定理の証明をミンコフスキーの積分公式を用いて与えることができる[142]．

142) コーン–フォッセン (Cohn–Vossen) の定理だが，この証明はヘルグロッツ (Herglotz) による．

定理 9.10 M をガウス曲率が正である閉じた 2 次元リーマン多様体とし，f_1, f_2 を M の E^3 への等長はめ込みとすると，$f_1(M)$ と $f_2(M)$ は合同になる．

証明. $S_1 = f_1(M)$, $S_2 = f_2(M)$ とおく．S_1 も S_2 もガウス曲率がいたるところで正であるから，先の話と同様に，アダマールの定理によってともに凸な閉曲面である．$\mathbf{N}_1$, $\mathbf{N}_2$ をそれぞれ S_1, S_2 の単位法ベクトルとする．ここで，ストークスの定理 (2.5) を次のように解釈する．$\mathbf{Y}$, $\mathbf{Z}$ を 2 次元リーマン多様体 M で定義された E^3 のベクトルを値にもつ微分可能な関数とし，$\{e_1, e_2\}$ を M の接平面の正規直交基底とするとき，

$$\int_M \left(\langle \bar{D}_{e_1}\mathbf{Y}, \bar{D}_{e_2}\mathbf{Z}\rangle - \langle \bar{D}_{e_2}\mathbf{Y}, \bar{D}_{e_1}\mathbf{Z}\rangle\right) dA = 0 \tag{9.17}$$

が成り立つ．ここで，$\bar{D}$ は M の接ベクトル X と E^3 に値をもつ M 上の関数 $\mathbf{Y} = (\eta_1, \eta_2, \eta_3)$（$\eta_1, \eta_2, \eta_3$ は M 上の実数値関数）に対して

$$\bar{D}_X\mathbf{Y} = (X\xi_1, X\xi_2, X\xi_3)$$

によって定義される微分作用素である．$\mathbf{Y} = f_1(x) \times \mathbf{N}_1$ $(x \in M)$, $\mathbf{Z} = \mathbf{N}_2$ とおいて (9.17) を適用すると，次の等式が得られる．

$$\begin{aligned}\int_M \Big(H_2 - \langle f(x), \mathbf{N}_1\rangle K + \frac{1}{2}\langle f(x), \mathbf{N}_1\rangle \\ + \frac{1}{2}\langle f(x), \mathbf{N}_1\rangle \det(A_1 - A_2)\Big)\, dA = 0.\end{aligned} \tag{9.18}$$

ここで，H_2 は $f_2(M)$ の平均曲率，A_1, A_2 はそれぞれ $f_1(M)$, $f_2(M)$ の型作用素である．(9.18) とミンコフスキーの積分公式 (I) を組み合わせると

$$\int_M (H_2 - H_1)\, dA + \frac{1}{2}\int_M \langle f(x), \mathbf{N}_1\rangle \det(A_1 - A_2)\, dA = 0 \tag{9.19}$$

が成り立つ（H_1 は S_1 の平均曲率）．始めのところで $\mathbf{Y} = f_2(x)\times\mathbf{N}_2$, $\mathbf{Z} = \mathbf{N}_1$ とおいて同様の計算をすると

$$\int_M (H_1 - H_2)\, dA + \frac{1}{2}\int_M \langle f_2(x), \mathbf{N}_2\rangle \det(A_2 - A_1)\, dA = 0 \tag{9.20}$$

が得られる．S_1, S_2 はともに凸な閉曲面であるから，適当な平行移動によって M 上でつねに $\langle f_1, \mathbf{N}_1\rangle > 0$, $\langle f_2, \mathbf{N}_2\rangle > 0$ とすることができる．さて，T_xM $(x \in M)$ の適当な正規直交基底 $\{e_1, e_2\}$ をとると $\langle A_1e_1, e_2\rangle = \langle A_2e_1, e_2\rangle$ とすることができる．このとき，

$$\det(A_1 - A_2) = (\langle A_1e_1, e_1\rangle - \langle A_2e_1, e_1\rangle)(\langle A_1e_2, e_2\rangle - \langle A_2e_2, e_2\rangle)$$

であるが，

$$\begin{aligned}\langle A_1e_1, e_1\rangle\langle A_1e_2, e_2\rangle =& K + \langle A_1e_1, e_2\rangle^2\\ =& K + \langle A_2e_1, e_2\rangle^2\\ =& \langle A_2e_1, e_1\rangle\langle A_2e_2, e_2\rangle\end{aligned}$$

であるから，

$$\det(A_1 - A_2) = \det(A_2 - A_1) \leq 0$$

がつねに成り立つ．よって (9.19), (9.20) より，つねに

$$\det(A_1 - A_2) = \det(A_2 - A_1) = 0$$

でなければならず，$\langle A_1e_1, e_1\rangle = \langle A_2e_1, e_1\rangle$ か $\langle A_1e_2, e_2\rangle = \langle A_2e_2, e_2\rangle$ のいずれかが成り立つ．いずれにしても $\det A = \det A_2$ であることから $A_1 = A_2$ となり，定理 4.8 より $f_1(M)$ と $f_2(M)$ は合同となる． □

注． 定理 9.10 で，「ガウス曲率がいたるところ正である」という条件をはずすと，定理の主張は成り立たない．下図で，曲線 C_1, C_2 をそれぞれ直線 ℓ のまわりに回転して得られる曲面を S_1, S_2 とすると，S_1 と S_2 は等長的であるが，合同ではない．

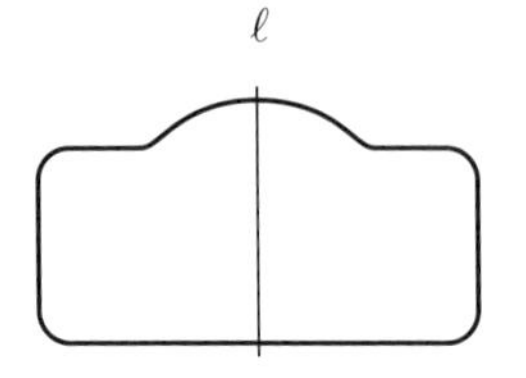

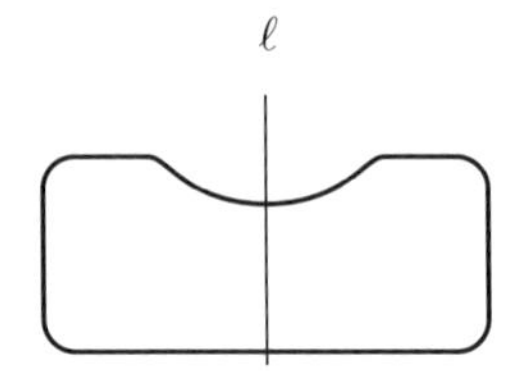

参考文献

1. Michael Spivak : *A Comprehensive Introduction to Differential Geometry*, Publish or Perish(1975).
2. Manfredo P. do Carmo : *Differential Geometry of Curves and Surfaces*, Prentice-Hall(1976).
3. 塩濱勝博，成 慶明：『曲面の微分幾何学』，日本評論社(2006).

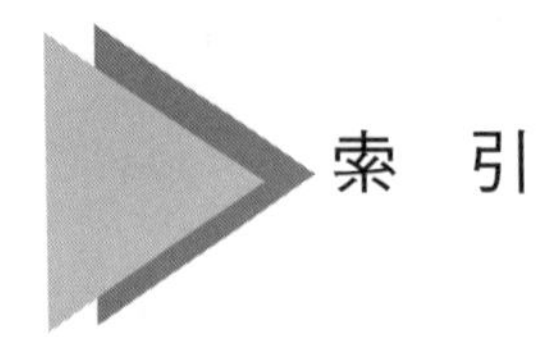

索　引

著 者 紹 介

榎本一之（えのもと かずゆき）

1975 年　東京工業大学理学部数学科卒業
1984 年　カリフォルニア大学バークレー校大学院博士課程修了（Ph.D）
1987 年　東京理科大学基礎工学部教養 講師
2000 年　東京理科大学基礎工学部教養 教授
現在に至る

大学数学 スポットライト・シリーズ④
多様体への道

2016 年 6 月 30 日　　初版第 1 刷発行

著　者　　榎　本　一　之
発行者　　小　山　透
発行所　　株式会社 近代科学社

〒 162-0843　東京都新宿区市谷田町 2-7-15
電　話　03-3260-6161　振　替　00160-5-7625
http://www.kindaikagaku.co.jp

藤原印刷　　ISBN978-4-7649-0511-5
定価はカバーに表示してあります.